Jakten på tyngdlösheten

och upptäckten av

skapelsens nakna scen

Utgåva: 28
© Rolf Sjöström 2021
Förlag: BoD – Books on Demand, Stockholm, Sverige
Tryck: BoD – Books on Demand, Norderstedt, Tyskland
ISBN: 978-91-7699-025-4

Det stora slaget om förnuftet.

Den obildade pöbeln
och de lärde protesterade
mot den ensamme riddaren och
mot hans påståenden,
som inte var auktoriserade.
De försökte också förbjuda hans
skrift "Einsteins två postulat" i
Appendix.

– Ingenting går fortare än ljuset, sa den gamle draken!
– Jodå! Två av dina fotoner, som möter varandra, gör ju det med dubbla ljushastigheten, sa den visselblåsande och sanningssökande riddaren.

Lorentz var en av de som hade försökt förklara resultatet efter Michelson's och Morley's experiment 1887. Och han kan nog anses ha sträckt matematiken lite väl långt när han i sin lösning kom fram till att för föremål som rör sig med hög hastighet, så går tiden saktare och objektet självt krymper. Han lyckades emellertid inte lösa problemet trots sin s.k. Lorentz' faktor. Emellertid fångade faktorn intresset till en dagdrömmande drake. Han satte in den i olika matematiska sammanhang, men kom ingenstans. Till slut bestämde han sig för att införa två postulat, varav ett som sa att vi inte kan ha ett gemensamt och absolut referenssystem i universum. Det andra, p.g.a. av det första: Ljuskvanta (senare döpt till fotoner) är partiklar med konstant hastighet oavsett ljuskällans hastighet. **Så i stället för att finna en förklaring till resultatet från refererat experiment, så skapade han en förklaring.**

Detta var roligt, tyckte draken samvetslöst. Hans gamla och sövande kontorsarbete, som aldrig hade upptagit hans intresse, lade han åt sidan och började i stället att fantisera om resor i tiden. Kanske kunde han träffa sina förfäder, som en gång styrde världen. Han stoppade in sina postulat och Lorentz' faktor i formler för att illustrera sina teorier, och publicerade därefter dessa "kejsarens nya kläder".

Den lättlurade pöbeln jublade, men vetenskapsmännen undrade hur draken så oförskämt kunde komma undan med ett så fräckt och hånfullt koncept, där man baserar logik på ologiska postulat, påhittade och skräddarsydda för att lösa en gåta. Det borde vara straffbart. Men draken solade sig, och pressen tjänade pengar på hans dagdrömmar, eftersom folket har alltid älskat fantastiska "sanningar". Att publicera djupa och välgrundade argument mot drakens teorier skulle inte vara lika lönsamt.

Vetenskapsmännen, som var äldre än draken dog efter ett par årtionden, och med dem dog protesterna. Teorierna tog sig in i skolor, där elever riskerade att fastna i drakens nät av matematik, fylld med fina grekiska bokstäver. Djupt och längst bakom matematiken befann sig de två fula postulaten och den högst tvivelaktiga Lorentz' faktor. Postulaten kom att betraktas som odiskutabla sanningar, när den sista kritikern hade dött. Om någon därefter av naturliga orsaker skulle ifrågasätta postulaten, så skulle det antagligen inte ha varit så bra för dennes karriär. Det är nämligen ett starkt mänskligt behov att etablera sanningar och spelregler, som man ska tvingas att hålla sig till. Oenighet om dessa, t.ex. inom religionen, leder ofta till krig. Men i två tusen år lyckades man vara enig om att Aristoteles läror var de enda rätta. Nu, när riddaren kom, var det draken som alla knäböjde inför. Lakejerna, förvaltarna av drakens läror i arrogansens högborg, såg nervöst ner på borggården. Deras framtid var hotad.

– 1 + 1 = 5, sa riddaren.
– Nehej, sa draken!
– Jodå! Jag har precis konstruerat ett postulat, som säger att den andra förekomsten av siffran "1" är lika med "4", sa riddaren.

Draken förstod att han blivit avslöjad. Han hade varit tillräckligt intelligent och opportunist för att dölja sitt eget starka tvivel, som likt en skugga alltid hade varit närvarande. Bara tanken på att vara fången med hårt arbete vid ett skrivbord eller ett löpande band hade fått honom att fortsätta spela med. Men nu började han vackla, och hans lakejer, som hade hållit honom vid liv, blev förskräckta.

– Jag visste att du skulle komma en dag, sa draken uppgivet.

Han var egentligen lättad. Även om han var en opportunist med ett underutvecklat samvete, så hade de sista hundra åren till slut slitit hårt på det lilla samvete han förfogade över. Och egentligen skulle det vara skönt att få falla till ro och träffa sina förfäder, denna gång utan hjälp av den förgängliga tidsmaskinen, tänkte draken. Att han hade publicerat sina teorier, var egentligen bara för att testa vetenskapsmännens reaktioner. Men redan på denna tid hade pressen börjat styra pöbeln, och då med en effekt som överraskade draken. Han hade först tänkt att dra sig tillbaka efter vetenskapsmännens negativa reaktioner, men valde nu att låta sig bäras fram på den kungastol som pressen bjöd på. De tjänade ju trots allt pengar på honom. Att de till sitt förfogande hade okritiska journalister, utan vetenskaplig utbildning, var en kommersiell fördel för dem.

Riddaren hade draken på fall, och fortsatte utan protester, som i en monolog;

– Och det där om att fotonen bara har massa när den rör sig, det visar ju att det inte är en partikel, utan en vågrörelse. Massan utgörs av massan från mediet till vågrörelsen. Det är samma sak med vatten. Vågen av vatten väger heller ingenting när vattnet är stilla.
Och en våg har "dubbel" energi, eftersom den rör sig inte bara i utbredelseriktningen, utan också i höjdled. Om man jämför formeln för rörelseenergi, $E = 0,5(M * H^2)$, med formeln för strålningsenergi, $E = M * C^2$, där C = Hastigheten för "dina" fotoner, så visar ju den senare formeln att ljuset är en vågrörelse, eftersom här har vi inte halveringsfaktorn, "0,5".
Så varför inte acceptera den enklaste förklaringen, som att ljusets konstanta hastighet beror på att det är vågor genom ett medium? Och angående ditt berömda tankeexperiment med tåget och ljuset, så bör du i stället se ljuset som en vågrörelse genom den mörka materien, som är bunden till omgivande materia. Då blir det logiskt, sa riddaren. (Experimentet är beskrivet i boken.)

Riddaren hade redan löst gåtan med experimentet från 1887, när han hade insett och senare kunde visa att etern, den mörka materien, var kopplad till angränsande materia, och att den inte låter sig påverkas av gravitation. Upptäckten bidrog till slutsatsen att ljuset är vågrörelser genom etern. Detta stämde också med resultat från experiment utfört av både universitet och institutioner. Och när han fick bekräftat att det flyktiga ämnet Helium II var tyngdlöst - vilket också stämde med hans slutsatser om eterns förhållande till materien - blev riddaren så uppfylld av entusiasm, att han publicerade sina upptäcker i en bok. Men i stället för att möta folkets jubel, möttes han av en kompakt tystnad. Det visade sig nämligen att ingen, med få undantag, under de följande tio åren var intresserad av att läsa boken, trots att ämnet ofta sågs i massmedia, och därför borde vara av publikt intresse. En gång gav han ett exemplar av boken till en av drakens lakejer, som han hade blivit bekant med på en tågresa. Lakejen blev lovad rikligt betalt, om han kunde finna ett fel i boken. Denne hörde emellertid aldrig av sig, oklart av vilken anledning. Och eftersom ingen av de andra lakejerna runt om i landet besvarade riddarens brev, ringde han till slut en kvinnlig professor emeritus och frågade om hon kunde tänka sig att bedöma boken. Hennes reaktion var den mest ovänliga hittills. Drakens lakejer saknar några viktiga egenskaper för att bli något annat, och är därför perfekta i sin roller. Riddaren hade heller ingen hjälp av allmänheten. Trots att de inte förstod drakens teorier, trodde de hellre på dennes fantasier än på riddarens logik. Paradoxen kan bara förklaras av en effektiv hjärntvätt utfört av pressen, som alltid har tjänat pengar på att sälja lösnummer med hyllningar till draken.

Riddaren kunde alltså inte räkna med hjälp från någon, och hade därför inget annat val än att ensam konfrontera draken, för att få denne till att dra sig tillbaka. Men detta var något han hade hoppats slippa, p.g.a. en gryende känsla av förståelse för draken, som trots allt hade mer fantasi än hans lakejer. Hans intelligens kanske inte var på samma höjd som fantasin, men den och hans charm hade räckt för att han skulle lyckas lura allmänheten, som kunde svälja vilka postulat som helst. Och att han hade lyckats sprida sina drömmar om en intressantare värld, bar pressen det yttersta ansvaret för. Det var en olycklig men förståelig situation, eftersom pressen är konstruerad för att tjäna pengar, och lögner säljer. Mer pengar kan de nu tjäna på historien om en grundligt etablerad lögn, en skandal, en oförlåtlig och permanent skamfläck, alltså denna historia som har fått vänta i hundra år.

Sorlet från drakens lakejer väckte riddaren ur sina tankar. Han sträckte på sig och fortsatte;

– Och den kosmologiska konstanten, som du satte, in för att förhindra att formlerna skulle beskriva ett växande universum? Du tog bort den, när du fick veta att universum expanderar. Men astronomer satte in den igen för att representera den mörka energin, som du inte hade räknat med! Och den mörka energin borde väl vara strängarnas rörelser i den mörka materien. Om du hade accepterat att ljuset är vågrörelser i etern, så hade du förstått det.
Och felet med din matematik, som gjorde dina svarta hål oändligt små, måste väl bero på Lorentz' faktor? Hur kan man lita på dina teorier som innehåller den faktorn?

– Men allt är väl inte fel, sa den stackars draken, som nu spelade ut sitt sista kort. Ta exempelvis fotonerna. Att stjärnor böjer ljuset, visar ju att fotonerna är partiklar som påverkas av gravitationen.

– Dumheter! Ljus som passerar nära stjärnor går genom mörk materia som är kopplad till materia, och en våg ändrar alltid riktning vid förändring av dess utbredningsmedium, om dess vinkel inte rät, sa riddaren. Och att svarta hål är svarta beror inte på någon gravitation som håller tillbaka dina fotoner, utan de svarta hålen är svarta för att det inte kan ske kemiska eller nukleära processer i krossade atomer.
Och om du fortfarande tror att dina fotoner är partiklar, då måste du vara så dum att du också tror att en foton vet vad en annan foton skall göra. Experiment, som utgår från att fotonerna är partiklar, har ju kommit fram till den slutsatsen. Om man i stället inser att det bara är vågrörelser genom mörk materia, så blir resultatet av det experimentet logiskt.

Draken skämdes. Riddarens kommentarer hade svidit. Och nu stack de sista orden från riddaren som en dödsstöt genom draken. Han glömde bort sig i sitt förvirrade tillstånd, svalde nervöst, och brann upp. Slaget var över. Draken hade förtärts av sin egen eld, en mörk energi. Förvirring och kaos rådde. Draken var död och lakejerna flydde. Tystnaden var påtaglig. Det var samma tystnad, som uppstår när ett tåg har stannat och väntar, innan det börjar backa för att komma på rätt spår. Riddaren vandrade sliten tillbaka mot slottet, för att befria den odödliga prinsessan "Sanningen". Den enda underhållning hon hade haft, under alla dessa år som hon hade varit inlåst, var att se hur det hela tiden blev svårare för lakejerna, att med både kryckor och bandage, hålla den snubblande lögnen vid liv. Och av sin långa erfarenhet visste hon, att hon förr eller senare skulle komma ut igen. Men denna gång gruvade hon sig för allt arbete med att ställa till rätta den massiva oordningen efter lakejerna.

Egentligen skulle det inte ha varit behov för riddarens insats, eftersom drakens egna män redan hade upptäckt det riddaren ville visa. Men tyvärr var deras rädsla för draken för stor för att de skulle våga inse att de, m.h.a. ett snabbväxlande magnetfält, hade bekräftat riddarens teorier. De hade skapat registrerbara vågrörelser genom mörk materia, vågrörelser som de döpte till virtuella fotoner, och lappade därmed på en dålig teori om de s.k. fotonerna med en annan lapp.

Riddaren kom nu på att han borde ha givit draken en eloge för forskningen på den fotoelektriska effekten, även om han hade fått hjälp, och var nära att inte bli först att komma i mål med resultat från den forskningen. Att riddaren hade en annan förklaring till denna effekt, skulle inte ha varit nödvändigt att såra draken med. Riddarens förklaring till denna effekt bygger på att han hade upptäckt 1) att det är den mörka materiens strängkedjor som håller protoner och elektroner kopplade till varandra, och 2) att ljuskvantat, eller fotonen som den hade kommit att kallas, är en vågrörelse genom mörk materia. Resultatet av 1) och 2) ger; att beroende på atomens konfiguration, alltså hur en elektron sitter fast, med en eller flera strängkedjor, så krävs det motsvarande olika energinivåer på ljuset (vågrörelsen) för att slå lös en elektron från sin atom.

Efter att Sanningen var befriad hade riddaren hängt av sig riddarutrustningen och dragit sig tillbaka. Det var inget mer han kunde göra. Sanningen fick ensam föra kampen vidare. Och precis som hon hade fruktat skulle denna kamp föras mot dumhetens tjocka skal, och ta många år. I de flesta av arrogansens högborgar fanns det djupa fickor av motstånd, där lakejer slogs för sina liv. Deras framtid såg allt annat än ljus ut. Värst var det för översteprästerna, som var belägrade under en blåsvart himmel. Efter regn och storm kommer sol, men kanske inte där, tänkte riddaren.

Han hade efter drakens död vandrat lättad tillbaka till sitt hus för att fortsätta skrivandet på en ny upplaga av sin bok om jakten på tyngdlösheten. Kanske Sanningen skulle kunna använda den. Men detta föreföll osäkert, då folk bara läser om enkla ämnen som intresserar dem. Andra ämnen tar de okritiskt in som hörsägen, fördomar, eller via stora rubriker, och de flesta styr lättjefullt bort från alla trösklar till kunskap. För att få läsare måste man därför vädja till deras primitiva behov. Om jag kunde få prinsessan "Sanningen" till att klä av sig, så att folket fick upp ögonen för den nakna Sanningen, då skulle jag nog vinna slaget om förnuftet, tänkte riddaren. Plötsligt greps han av panik. Om folk inte känner till att draken är död, och om de är dummare än vad han själv är förnuftig, då är slaget förlorat! Detta, flera år långa och oavlönade uppdrag, hade varit hans kall. Nu fanns det inget mer han kunde göra, annat än att vänta och se om de omotiverade hyllningarna till draken med tiden skulle upphöra.

Figuren dedikeras till minne av fotonen.

Det var lättare att tro på den lögn, som man hade hört tusen gånger, än sanningen, när man hörde den första gången.

Den nakna sanningen.

Den som läser och förstår innehållet i denna bok kommer att se på definitionen av de fyra naturkrafterna (gravitationen, magnetismen och de två typerna av kärnkrafter i en atomkärna) som olika sidor av samma sak. Uppdelningen av de fyra naturkrafterna når nämligen inte till botten av sanningen. För bakom dessa krafter handlar det bara om den mörka materiens strängar, som i sina ständiga rörelser antingen fastnar i, eller studsar mot, varandra. Man kan säga att **strängarnas rörelser, den mörka materiens energi, är den enda naturkraften**, som står bakom allt. Det är detta som är den enkla, helt oklädda och nakna sanningen.

Den mörka materiens ständiga brus, alltså strängarnas rörelser i och runt omkring oss, kan jämföras med atomers och molekylers kaotiska studsande mot varandra, som i exempelvis luft. Rörelserna kan fortplantas, från en sträng till en annan, som en vågrörelse. När strängar kolliderar, så är det slumpen som avgör om de antingen fastnar i varandra (attraktion) eller studsar mot varandra (repulsion). Om de fastnar i varandra, ger de upphov till strängkedjor och partiklar, både "mörka" och subatomära. Och om strängarna studsar mot varandra, ger de upphov till nya vågrörelser, vilket leder till nya kollisioner o.s.v. I förbindelse med att det finns olika partiklar kan man anta att det finns olika typer av strängar.

Strängarna interagerar, med sitt turbulenta liv, också med de subatomära partiklarna. En elektron kan nämligen antingen fastna i en strängkedja, eller så kan kraften från vågrörelserna, fortplantad genom massan av strängar, slå lös en elektron från en eller flera av de strängkedjor, som kopplar den till en atom. En vågrörelse kan också bara studsa mot en elektron och dess tillkopplade strängkedja, vilket sker när vågrörelsen är för svag för att slå lös elektronen. Beskrivna interaktion ger upphov till nya vågrörelser, ljus med våglängder som identifierar berörd atom. Antalet s.k. ljuskvanta som behövs för att slå lös en elektron står i proportion till det antal av strängkedjor som håller fast en elektron. Energin som krävs för detta, är därför <u>inte</u> steglös. Och energin från strängkedjor, som kopplar sig till en elektron, manifesterar sig på motsvarande specifika områden på ljusets färgspektrum, där kortare våglängd innebär högre energi. (En atom byggs m.h.a. interaktioner som involverar dess övriga delar.)

Som framgår inne i boken; En elektron sitter fast i en atom med en till fyra strängkedjor. En av dessa kopplar elektronen mot en proton, och de övriga tre strängkedjorna kopplar elektronen mot angränsande elektroner. I ädelgaser, som har åtta elektroner i yttersta skalet, blir atomen som en kub med en elektron i varje hörn, och med strängkedjor som kubens sidor. Dessa elektroner sitter därmed kopplade, med alla tre strängkedjor mellan varandra i samma atom. Det är därför ädelgasers atomer inte kan koppla sig mot andra atomer. Detta är samtidigt förklaringen till varför andra atomer slår sig samman till molekyler för att uppnå åtta elektroner i en av atomernas yttre skal. Partikelfysiken styr således kemin. Om elektronerna hade haft ett <u>annat antal</u> handtag mot strängkedjor, skulle vår värld varit uppbyggd av helt andra molekyler, och det liv vi känner till skulle inte existera.

Pusslet med partikelfysikens logiska pusselbitar är lagt. Boken visar hur perfekt pusslets alla bitar passar, där det ligger

på botten av *"Skapelsens nakna scen"*.

Välkommen in i den mörka materien!

Men innan du börjar att förstrött bläddra i den, för att sedan kanske lägga den åt sidan, läs detta först!

> På vetenskapen om partikelfysik vilar alla andra vetenskaper.

Materia och s.k. mörk matera.

Boken hävdar att den mörka materiens s.k. strängar är byggnadsmaterial till både strängkedjor och subatomära partiklar, som därmed ses på som ett resultat av strängar som har fastnat i varandra. Olika strängar och olika kombinationer av dem ger olika resultat. Insikten om detta, och förståelsen för att det är en ständig interaktion mellan partiklar, strängar och strängkedjor, hjälper till att förstå bokens slutsatser.

Efter att ha läst boken förstår man hur strängkedjor förmedlar och orsakar gravitation. Boken förklarar också hur de, trots sin massa, inte påverkas av gravitation. Det var detta man inte förstod, och som ledde utvecklingen på fel spår i slutet av 1800-talet. Trots att inte ens atomens arkitektur då var kartlagd, tillåts än i dag idéer från denna tid att styra vetenskapen inom partikelfysik. Och trots att alla vetenskaper möter varandra på den mest grundläggande nivån, har antagligen partikelfysikerna ännu inte tittat på partikelfysiska fenomens eventuella kemiska aspekter, och exempelvis frågat sig varför atomer "önskar" att uppnå 8 elektroner i sitt yttersta elektronskal. Men denna bok både ställer och besvarar denna fråga.

Boken är kontroversiell, trots att den stöder alla sina påståenden och konklusioner på fakta **framtagna av erkända institutioner, vilket borde stoppa ev. kritik.**

Alla lärosäten har som sin uppgift att värna om etablerade "sanningar", även gamla orealistiska påfund. Och t.ex. för Darwin och Wallace tog det många årtionden efter att de hade publicerat sina teorier om arternas uppkomst, innan de blev accepterade. På sin sida hade de logiken, men mot sig hade de den väletablerade skapelseberättelsen.

Också denna bok är baserad på logik. Historien visar emellertid att varken indicier eller bevis når fram och vinner över etablerade föreställningar under loppet av bara en generation. Men förhoppningen är att du och du, med öppet sinn, skall läsa boken. Tillsammans gör vi skillnad, och tillsammans kan vi utmana historikens dåliga odds.

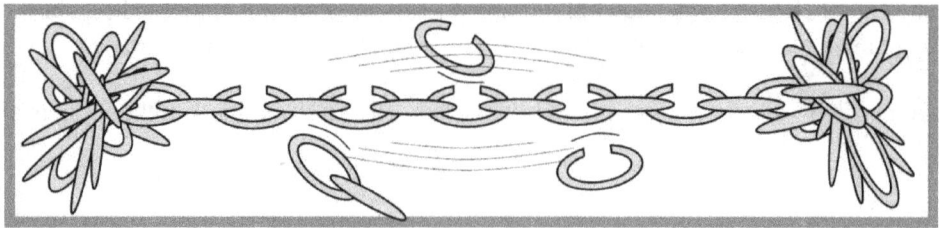

Bilden illustrerar bokens beskrivning av hur elektroner är föreningar av strängar, och är kopplade till varandra med en strängkedja, och hur denne tacklas av omgivande strängkedjor och enskilda strängar.

– Och likväl rör hon (jorden) sig.
Galileo Galilei

Nästan fyra århundraden senare..
– Och likväl finns inte fotonen.
Rolf Sjöström

> För att tillägna sig innehållet i denna bok behövs inga speciella "förkunskaper", bara ett intresse för dess tema.

Allting består av någonting.

> Bokens förklaringar är logiska och **lättare** att förstå än de etablerade osanningarna om exempelvis s.k. fotoner och den om att tidens hastighet skulle vara föränderlig.

Detta gäller också för de minsta registrerbara partiklarna i en atom. Det är därför logiskt att anta att deras byggstenar är ännu mindre partiklar, alltså under gränsen för att kunna vara registrerbara. Det är lika logiskt att anta att dessa partiklar utgör den s.k. mörka materien, vars existens numera är både accepterad och bekräftad av etablerade institutioner. Och med det som fundament kan följande påstående konstrueras: Partiklar (s.k. **strängar**) i mörk materia uppför sig som små kedjelänkar, som fastnar i varandra, bildar strängkedjor och t.o.m. registrerbara partiklar. Dessa - exempelvis en strängkedja och en elektron - kan i sin tur både haka fast i varandra (se figuren på första sida) och separeras vid yttre påverkan, vilket utgör basen för att förklara allt inom partikelfysiken och kemin.

Baserat på ovanstående tar logiken oss vidare till att anta;
1. att vi har en kontinuerlig samverkan mellan mörk materia och (synlig) materia, och att
2. rörelser genom mörk materia är en del av denna samverkan, och att
3. dessa rörelser borde fortplanta sig som vågor genom denna mörka materia, och ge de effekter som hittills felaktigt har tillskrivits de s.k. fotonerna. Som framgår av bokens innehåll, med referenser till vetenskapligt godkända experiment, stämmer ovanstående antaganden så bra att de kan upphöjas till att vara mer sanna än fotonerna.

Att Einsteins teorier har överlevt fram till i dag, betyder inte att han hade rätt.

Däremot betyder det bl.a. att **de fungerar** för vågrörelser förmedlade av strängar, **även om** de påstås gälla för de s.k. fotonerna. Och där nämnda vågrörelser ändrar riktning, p.g.a. ändrad strängtäthet runt en stjärna, förklaras det med att gravitationen skulle påverka dessa s.k. fotoner. Einsteins "överlevnad" beror också på människans behov av att dyrka och hylla gudar, med tillhörande "ofelbara" sanningar. Därför kommer de vetenskapsmän, som borde läsa denna bok, aldrig att öppna den. Envist har de redan barrikaderat sig, med sina fotoner, längst inne i en återvändsgränd, där de nu, utan att skämmas, försöker gräva sig ut. Historien visar också att varken förnuft eller skam någonsin har fått plats i miljöer fyllda av förutfattade meningar eller blind massmedial dyrkan av auktoritära trosuppfattningar.

> Allmänbildning borde, för att stå på fast grund, bottna i kunskapen om alltings ursprung.

Efter den skada,

som Einstein tillfogade vår förståelse av världen, gick det tyvärr så långt, att tron på den s.k. etern (mörk materia) med sina strängar och strängkedjor inte längre var "rumsren". Skulden bör först läggas på Lorentz' fantasifulla förklaring till resultatet från ett experiment utfört av Michelson och Morley år 1887. Stokes och Plancks förklaring, som byggde på att materia drar med sig etern (strängar – strängkedjor), underkände Lorentz med matematik. Man kan emellertid inte underkänna en förklaring bara för att matematiken inte stämmer. Felaktiga antaganden kan ju leda till val av fel matematisk modell.

En kortfattad presentation av innehållet. - S. 11.
För att underlätta förståelsen av boken bör denna del läsas först.
   Grundläggande fakta om atomens uppbyggnad. - S. 14.
   Ett sammandrag, som förbereder läsaren och underlättar förståelsen av boken. - S. 15.

Boken.
Del 1, De subatomära partiklarna och deras stränghandtag.
Protonplattan, eller konsten att upphäva gravitationen. - S. 22.
   Status idag, en sammanfattning. - S. 24.
Vägen mot Otronplattan, uppföljaren till Protonplattan. - S. 26.
   Subatomära handtag, ett nytt begrepp. - S. 26.
   De olika subatomära handtagen. - S. 26.
   Subatomära partiklars handtag kan omkopplas. - S. 27.
   Strängkedjor mellan elektroner. - S. 29.
   Strängarnas förmåga att fästa sig till varandra. - S. 30.
   Sammanfattande om stränghandtagen. - S. 31.
   Gravitation. - S. 32.
   Magnetism. "Magnetisk" repulsion existerar inte. - S. 34.
   Elektromagnetism och elektricitet. - S. 35.
   Otronplattan; Stränghandtag och korsande magnetfält. - S. 36.
   En konkluderande avslutning på denna del. - S. 37.
   Strängarnas roll och egenskaper. - S. 38.

Del 2, Fotonen finns inte.
Ljusets konstanta hastighet och Einstein. - S. 40.
Fotonens död. - S. 46.
   Ytterligare spikar i fotonens kista. - S. 47.
Möjliga förklaringar till fenomen inom kvantfysiken. - S. 49.

Del 3, Sammanfattning och bevis.
Logik pekar alltså på följande: - S. 52.
Beviset: Helium II. - S. 52.
Jakten på gravitationsavvisaren fortsätter. - S. 53.

Del 4, Några tillämpningar av bokens slutsatser.
Rörelseenergi och strängkedjor. - S. 56.
Neutrinon; Finns den? - S. 59.
   Och vad är en positron? - S. 59.
Casimir-effekten. - S. 60.

Del 5, Universum – Strängarnas hav och filosofi.
Parallella världar. - S. 62.
Big Bang kan aldrig ha hänt. - S. 64.
Fysiken möter filosofin. - S. 68.
   Till slut. - S. 69.

Efterord.
Sammanfattning av boken. - S. 71.

Appendix. (Lorentz' faktor m.m.) - S. 73.

En kortfattad presentation av innehållet.

Del 1. För att göra boken något mindre torr än en ordinär vetenskaplig avhandling, har inledningen av denna del givits en personlig prägel. Därefter läggs pusslet med bitar av fakta som redan är accepterade av erkända institutioner. De bitar, som boken kompletterar pusslet med, är den roll som den mörka materien spelar. Steg för steg byggs pusslet med ren logik. Del 1 avslutas med "Strängarnas roll och egenskaper", en konklusion som aldrig tidigare har formulerats.

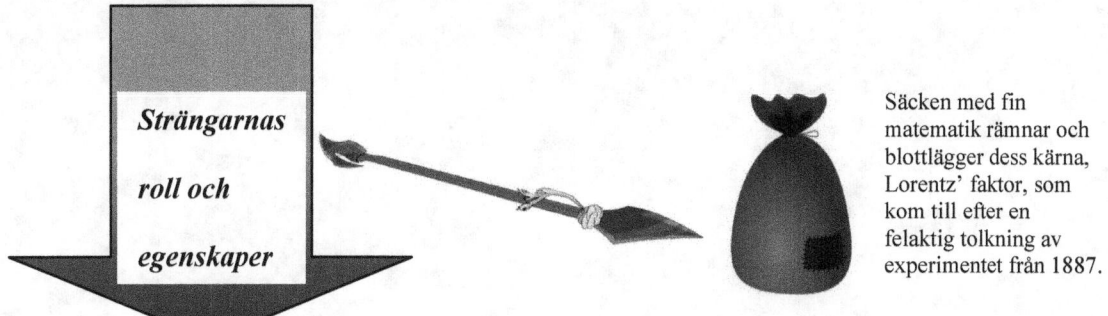

Säcken med fin matematik rämnar och blottlägger dess kärna, Lorentz' faktor, som kom till efter en felaktig tolkning av experimentet från 1887.

Del 2. Nämnda konklusion från del 2 används här som en spjutspets för att sticka hål på myten om att tidens hastighet kan förändras. Myten uppstod efter ett experiment år 1887. På denna tid var etern (mörk materia) accepterad, men man kände inte till atomens uppbyggnad, och därmed kunde man heller inte komma fram till kunskapen om "Strängarnas roll och egenskaper". När man därför löste problemet genom att göra tiden föränderlig, spårade utvecklingen inom partikelfysiken ur. Det blev inte bättre av att det skrevs fina matematiska formler, som beskrev denna vanföreställning. Det gick t.o.m. så långt att man ersatte förståelsen av ljuset från att vara vågrörelser till att i stället vara partiklar. Detta har lett till andra vanföreställningar, som t.ex. att en foton vet vad en s.k. tvillingfoton gör, enligt ett experiment. Att fotoner inte behöver finnas för att förklara varför en heliumatom är lättare än fyra väteatomer, som ju under avgivande av strålning fusioneras till helium, visades i del 1.

Del 3. Bevisar teorins riktighet, m.h.a. av egenskaperna till helium II.

Del 4. Teorin appliceras här på rörelseenergin, och ger en förklaring till varför denna energi ökar med kvadraten på hastigheten, vilket inte borde vara fallet eftersom hastigheten alltid är relativ.
Här sätts också frågetecken angående de förhärskande teorierna om neutrinerna, samt om Cassimir-effekten.

Del 5. Lite allmänt om det universum som vi är en del av, samt några filosofiska funderingar. Allt i ljus av vad som hittils framkommit i boken. Och vem har väl hört talas om exempelvis "Steady State"? Eftersom boken snuddar vid gränsen till det obeskrivbara, avslutas boken med några beröringspunkter mot filosofi och religion.

Den som väljer att läsa denna bok erbjuds en intressant resa tillsammans med undertecknad. Det har nämligen varit en resa, både där slutsatser har dragits, och där resans mål blev mer och mer ambitiöst, allt eftersom bilden klarnade och sammanhangen upptäcktes. Viktigt; Bokens innehåll är byggt på ren logik och fast förankrat med referenser till upptäckter och experiment gjorda av erkända institutioner.

För att underlätta förståelsen av boken bör denna del läsas först.

Grundläggande fakta om atomens uppbyggnad.
En repetition från skolböcker och övrig allmänt tillgänglig kunskap.

Nedanstående figur föreställer en atom, i detta fall en kolatom. Färger existerar inte på denna nivå, men för att tydliggöra de olika subatomära partiklarna har de givits olika färger. Atomkärnan består här av de "röda" protonerna och de "gröna" neutronerna. Elektronerna, som har lättare för att lämna en atom, och därmed förmedla det vi kallar elektrisk ström, har här givits den blå färgen. Atomerna till alla grundämnen är uppbyggda på detta sätt, där antalet protoner avgör vilket grundämne det är, och där deras vikt avgörs av antalet protoner och neutroner. Traditionellt har det ansetts att elektronerna rör sig i banor runt atomkärnan. Detta är emellertid inget som denna bok finner stöd för.

Man har konstaterat att atomens protoner och elektroner attraherar varandra. Denna attraktionskraft, som verkar sammanhållande på atomen, definieras som elektrisk spänning, där man har definierat elektronerna som negativa och protonerna som positiva. När en atom har en elektron mindre än antalet protoner, kommer denna atom att koppla till sig den första elektron den får tag i. Motsvarande; om en atom har fler elektroner än protoner, kan, som redan nämnts, de "herrelösa" elektronerna förmedla elektrisk ström.

Neutronerna har inte den egenskap som här har definierats som elektrisk spänning, men man har konstaterat att utan dem kan inte en atomkärna med mer än en proton hålla sig samlad. Normalt har en atomkärna samma antal protoner som neutroner. Det är en gräns för hur stora atomkärnorna kan vara, eller hur många fler neutroner än protoner atomkärnan kan ha. När den gränsen har passerats, blir atomkärnan instabil. Sönderfallet resulterar i att s.k. radioaktiv strålning avges. Betastrålning visar då att en neutron är en proton plus en elektron, eftersom neutronen under avgivande av en elektron omvandlas till att bli en proton. (Alfastrålning slungar iväg s.k. alfapartiklar, 2 protoner + 2 neutroner. När andra likadana atomkärnor träffas uppstår kedjereaktioner och energirik s.k. gammastrålning.) Resultatet av radioaktivt sönderfall blir naturligtvis andra grundämnen.

Man har också konstaterat att en atom med 8 elektroner i sitt yttersta skal inte förenar sig med andra atomer, och att molekyler, som exempelvis vattenmolekylen, bildas där atomer tillsammans får ett elektronskal med 8 elektroner. Alla dessa grundläggande fakta om atomens uppbyggnad är viktiga hörnstenar, som bokens konklusioner bygger vidare på.

Figur, som föreställer en atom. I detta fall en kolatom.

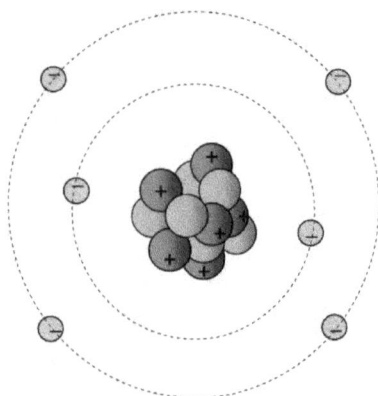

Ett sammandrag, som förbereder läsaren och underlättar förståelsen av boken.

Boken är inte en enkel roman, utan handlar om partikelfysik, ett ämne som vanligtvis inte diskuteras runt köksbordet. Och för forskare på området innebär boken ett paradigmskifte, vilket gör den extra svår för dem, trots bokens alla referenser till <u>erkända institutioners experiment, erkända fakta</u>, och tillhörande logiska slutsatser. (Det som inte är slutsatser beskrivs i boken som logiska antaganden-hypoteser och inget annat.)
Nedanstående punkter, som är både en inledning och ett sammandrag, har skrivits, eftersom det alltid är lättare att ta till sig det man möter, om man är förberedd på vad som väntar. P.g.a. punkternas sammanfattande karaktär innehåller de inte alla logiska resonemang och referenser, som finns inne i boken. De kan därför inte kritiseras för att inte vara grundligt underbyggda. Den som önskar att kritisera boken bör först peka på faktafel inne i den. Samtidigt bör denne kritiker också peka på hur dagens erkända partikelfysik kan vara mer trovärdig, när utfallet av ett erkänt vetenskapligt experiment med ljuset tvingar dagens "rättrogna" forskare till slutsatsen att s.k. fotoner är medvetna om varandras öden!
(Se: http://en.wikipedia.org/wiki/Delayed_choice_quantum_eraser)

1. Att universum till största delen består av s.k. mörk materia, är accepterat av de flesta. Denna mörka materia refererar boken till; som strängar. Boken gör gällande att dessa <u>strängar kan fastna i varandra och bilda både kedjor och subatomära partiklar</u>. Detta påstående är baserat på logiken; att allting, inklusive subatomära partiklar, består av något, något som är mindre.

Det detta logiska antagande leder till kulminerar i punkt 12, som refererar till ett experiment, publicerat på internet. Där beskrivs helium II's uppförande som undertecknat hade förväntat; nämligen utan gravitation. Men de som utförde experimentet med helium har i videon ingen förklaring till helium II's tyngdlöshet.

2. Till de subatomära partiklarna, som bildas enligt ovanstående, hör elektronerna (e). Och eftersom de, också enligt ovanstående, består av strängar, kan de antas ha en yta som gör att de kan fastna i omgivande strängkedjor. Just detta antagandet är viktigt för fortsättningen.

3. Också protoner (P) bildas. Hela skyar av joniserad vätgas (= protoner) har observerats av astronomer. Och eftersom protonerna består av strängar, borde de därmed ha en yta som kan fastna i en strängkedja. Av bokens logiska resonemang framgår; att denna strängkedja skulle kunna vara det som brukar refereras till som positron. Hur protonens ingående 3 kvarkar är vända för att kunna hålla en fastmonterad elektron, och bli en neutron (N), anses vara styrande i denna fråga. Protoner och neutroner kallas nukleoner.

För den som är extra intresserad: Nämnda kvarkar anses vara vända på ett visst sätt i förhållande till varandra i en neutron, och på ett annat sätt i en proton. Boken gör gällande att detta förklarar hur antingen en elektron eller positron kan fastna, och att när nukleonens 3 kvarkar varken håller en positron eller en elektron, är detta en partikel som boken kallar "otron". Otronen är som partikel; definitionsmässigt av typen mörk materia, eftersom den inte utgör en del av "vår" materia.
Atomer med fler än 1 proton i sin atomkärna innehåller ungefär lika många neutroner som protoner. Neutronerna fungerar, sannolikt m.h.a. sina elektroner, som ett lim mellan protonerna i en atomkärna.

4. Vi vet att en väteatom består av en proton och en elektron. Den erkända teorin som används för att förklara hur en elektron är kopplad till en proton baserar sig på begreppet attraktion. Men en attraktion måste ju ha ett medium som förmedlar den kraften. Boken väljer att anta att denna attraktion består av en koppling baserad på nämnda strängkedja från protonen. Och att det är när en elektron fastnar i en protons strängkedja/positron som en vätgasatom bildas.

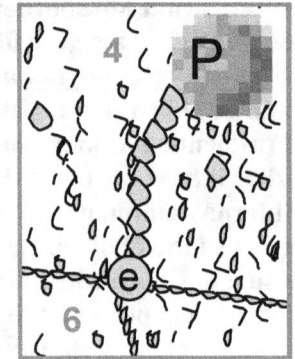

5. Angående attraktion och dess motsats repulsion, så förklarar boken dessa fenomen med att strängarna rör sig pga. den ständiga interaktionen med omgivningen, och att resultatet av deras kollisioner antingen leder till att de fastnar i varandra (attraktion) eller att de bara studsar mot varandra (repulsion).

6. Boken gör också gällande att elektronen, förutom kopplingen mot en proton, också har handtag mot övriga strängkedjor. Via denna typ av strängkedjor kopplar universums vätgasatomers elektroner sig samman så att det bildas stora gasmoln av vätgas, vilka också har observerats av astronomer.

7. Molnen med vätgas växer. Och till slut har mängden av de sammankopplande krafterna blivit så stor att de komprimerade vätgasatomerna slås samman och bildar andra och större atomer. En stjärna har skapats. Strängar kan för övrigt inte komprimeras av gravitation, då det ju är de som utgör "repen" som drar materia samman m.h.a. den kraft vi kallar gravitation (eller Van der Waals-kraft på atomärnivå).

Denna process med spontant skapande av subatomära partiklar och väteatomer borde kunna ske konstant och överallt, från vätgas som matar solen, till vätgas som skapas, exempelvis, inne i en människa. En begränsande faktor måste vara tillgången till just de strängar som utgör de subatomära partiklarnas byggstenar.

8. Heliumatomer bildas när väteatomer pressas ihop. (Fyra väteatomer går åt per bildad heliumatom.) Vår stjärna, solen, befinner sig i detta skede. Stjärnorna utvecklas vidare genom att pressa de resulterande atomerna till större och större atomer, alltså med flera protoner och neutroner i atomkärnan, och med lika många tillhörande elektroner som protoner. Det är så alla grundämnen skapas och har skapats.

9. De atomer, som har 8 elektroner i sitt yttersta skal (ädelgaser), uppvisar den egenskapen att de inte kan koppla sig mot andra atomer. Och om vi tänker oss sådana atomer som en kub, som ju har 8 hörn, och att dessa hörn (elektroner) är kopplade till varandra via kubens kanter (strängkedjor), så inser vi att <u>varje elektron har exakt 3 handtag mot strängkedjor, strängkedjor som kopplar sig mot andra elektroner.</u> Detta utöver varje elektrons koppling mot "sin" proton i atomkärnan, via dess dedikerade strängkedja (positronen). Figuren till höger visar en atom för ädelgasen neon.

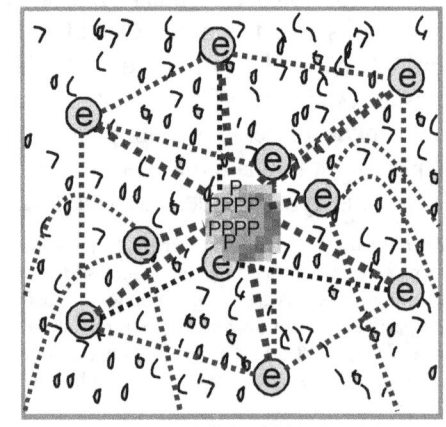

Jakten på tyngdlösheten, Rolf Sjöström.

10. En atom, med 7 elektroner i sitt yttersta skal, har därför lediga handtag/strängkedjor som kan hålla en 8:e elektron från en annan atom och tillsammans bilda en molekyl. Bordsaltets molekyl, natriumklorid, är ett exempel på en sådan förening. Och figuren till höger visar en syreatom, vars yttersta skal med 6 elektroner, har "lånat" 2 elektroner från 2 vätgasatomer, och bildat en vattenmolekyl.

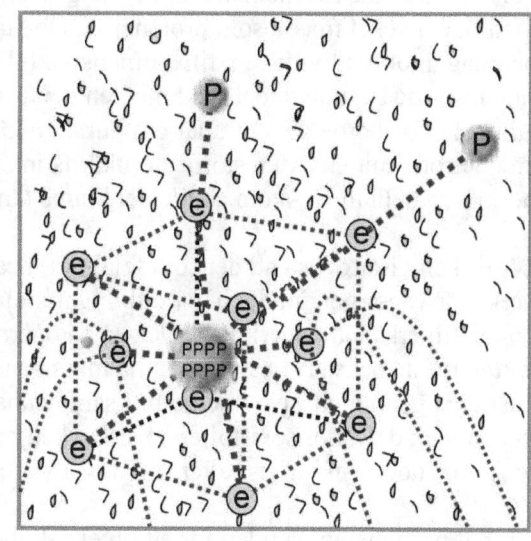

För den som är extra intresserad: Att de 2 väteatomerna sitter på samma sida, skulle kunna förklaras av att deras elektroner redan är förbundna med en strängkedja. Det kan också förklaras av att en "fri" syreatoms 2 lediga hörn antagligen redan är på samma sida, för att då har dess 6 yttre elektroner maximalt antal sammankopplingar. Elektronerna till väteatomerna sitter inte helt fast, vilket leder till att vattenmolekylerna blir spänningsmässigt polära, vilket förklarar varför de kopplar sig till varandra och till eventuella saltjoner (uppdelade saltmolekyler).

Och som framgår av denna och ovanstående figur, så är det dessa atomers inre elektroner, i ett eget s.k. skal, som har lediga stränghandtag mot omgivningen. Det inre skalet kan kanske förklaras av atomkärnans geometri, som skulle kunna förhindra dess elektroner från att ha hållfasta kopplingar mot elektroner i yttre skal. Detta är emellertid ingenting som boken står och faller med. (Begreppet "Teoretisk fysik" kommer här till sin rätt.)

11. Alltså: Elektroners lediga stränghandtag kopplar sig till omgivande strängkedjor, som kan vara obegränsat långa. Detta förklarar gravitationen. Ädelgaserna, och exempelvis ovanför beskrivna molekyl, skulle kunna vara i avsaknad av gravitation (tyngdlös), om det inte vore för att elektroner innanför det yttersta skalet har lediga stränghandtag för sammankoppling mot omgivningen.

12. Helium II är en flyktig sammankoppling mellan 2 heliumatomer, som existerar vid en temperatur nära 0 grader Kelvin. Helium II uppför sig som tyngdlös, och om vi ser närmare på hur dessa atomer kopplar ihop sig, så kan man se att det blir få lediga stränghandtag från deras elektroner, som kan bidra till gravitation.
Och om vi dessutom beaktar ett annat fenomen som uppträder hos supraledare nära temperaturens absoluta nollpunkt, nämligen sammankoppling av elektroner till s.k. Cooper-par, så borde det innebära dubbla strängkedjor mellan elektroner i Helium II. När detta sker, kvarstår inga elektroner med lediga stränghandtag i denna molekyl, som därmed **blir tyngdlös,** vilket också visas i det experiment som boken refererar till. Även utan nämnda Cooper-par skulle vikten på helium II vara hälften av heliumatomernas sammanlagda vikt, räknat på antalet lediga stränghandtag.

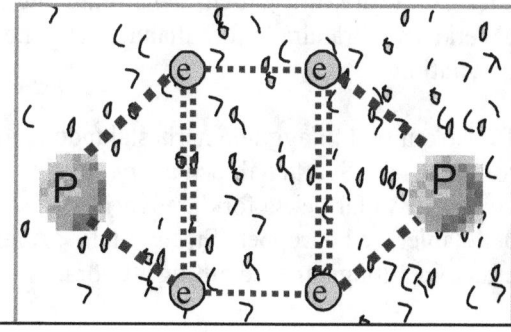

Se också följande internet-sida (tillgänglig år 2014):
http://www.youtube.com/watch?v=2Z6UJbwxBZI
Observera uttrycket i filmen
"it appears to defy gravity"!

13. Ovanstående resonemang är inte hela sanningen. De i atomkärnan ingående neutronerna, bidrar med lika mycket massa som protonerna. Dessutom bidrar neutronens "inbyggda" elektrons stränghandtag, mot omgivningen, till atomens vikt. En väteatom, med bara en proton i sin kärna, fördubblar således både sin massa och vikt med en neutron. För övriga atomer blir det inte lika enkelt, men atomens vikt borde ge ledtrådar om hur atomkärnans protoner och neutroner är placerade. T.ex. borde en neutron i mitten av en större atomkärna inte kunna koppla sig mot omgivningen, och för ovanför beskrivna helium II –atom skulle det kunna tänkas "interna" kopplingar som involverar neutronerna.

14. Boken visar också att det som felaktigt, i ca 100 år, har betecknats som fotoner (partiklar) i själva verket är vågor genom det hav av strängar/strängkedjor som vi är omgivna av. Också här refererar boken till erkända experiment. De s.k. fotonerna sägs ha massa/energi bara när de rör sig. En våg på vatten måste också röra sig för att ha massa/energi. En vågrörelse, som ljuset, har också konstant hastighet genom ett givet medium. I sammanhanget kan här nämnas att gravitationsvågorna borde kunna vara de vågor som följer de strängkedjor, som förmedlar gravitationen, vilket borde förklara en hastighet högre än ljusets, eftersom dessa vågor då förmedlas genom strängar som sitter ihop.

15. Att hastigheten på tiden för ett objekt skulle förändras med dess hastighet, är det senaste århundradets största, och tyvärr mest lyckade, bluff. Bakgrunden var Lorentz tolkning av ett experiment som gjordes 1887. Den gången kände man till "etern" (strängarna), men precis som nu, så kunde forskarna inte formulera "Strängarnas roll och egenskaper", som de beskrivs i boken. Forskarna var den gången ursäktade, eftersom man inte kände till hur atomen är uppbyggd. Den epok som sedan följde med förnekelse av etern (strängarna eller mörk materia) gjorde det inte lättare. Nämnda experiment kunde därför inte förklaras med logik. Och när inte logik kan användas, måste man ta till något så ologiskt som antagandet att tidens hastighet för ett objekt varierar med dess hastighet. Den logiska invändningen och frågan blir då: Hastighet i relation till vad?

Om man idag skulle kunna visa att ett atomur har saktat farten (utöver urets egen brist på precision) efter några varv runt jorden, så har man inte beaktat hur de subatomära partiklarnas interaktion borde påverkas av förändrade förhållanden, som t.ex. förändrad täthet av bl.a. de strängkedjor som förmedlar gravitation.

16. Boken tar i tillägg upp närbesläktade fenomen som elektricitet, magnetism och (faktiskt) rörelseenergi. Svarta hål, och andra begrepp som hör universum till, tas upp för att göra boken komplett. Vi får också förklarat varför vi kan glömma fantasifostret "Big Bang", och i stället anamma det etablerade begreppet "Steady State". Även supraledare och superviskositet beskrivs och förklaras, eftersom allting har med allting att göra.

De som är satta till att värna om vetenskapen gör detta lika bra som sina tidigare kollegor, som i århundraden höll fast vid att allting består av jord, eld, luft och vatten, trots upptäckten av metaller som koppar och järn. Våra s.k. vetenskapsmän har därför, paradoxalt nog, alltid varit det största hindret till vetenskapliga paradigmskiften. De etablerade sanningarna skall, precis som religioner, hållas renläriga, vilket kan förstås. Men detta sker nu på bekostnad av logiken.

Och i kampen mot ett sådant mörkt etablissemang kan det i värsta fall gå århundraden av bortkastad tid för partikelfysikens utveckling. Antalet bevis och indicier till fördel för denna bok har ingen betydelse. Thor Heyerdahl ord; "Ifrågasätt auktoriteter!" har därför fog för sig.

Boken.

Del 1.

De subatomära partiklarna och deras stränghandtag.

Protonplattan, eller konsten att upphäva gravitationen.

Läsaren blir här påmind om atomens uppbyggnad och de krafter som har identifierats både inom och runt den. Slutsatser dras, om dessa erkända fakta, för att förbereda både undertecknad och läsaren inför fortsättningen i boken.

Inledning - En personlig och historisk bakgrund.

Vårvintern 1974 genomförde jag experiment som var kulmen på 2,5 år av tänkande och förberedelser vid sidan av det dagliga livet, först som student i Uppsala, följt av militärtjänst i Söderhamn och vid den här tiden som student i Sundsvall.

Det var redan mörkt ute och gardinerna var fördragna för fönstret på mitt lilla rum. Bandgeneratorn gick för fullt och gav ifrån sig decimeterlånga ljudliga blixtar, samtidigt som jag försökte leda den höga spänningen via en elektrod av guld in ett glasrör med saltsyra.

Platsen för dessa experiment var ett litet rum, hyrt sedan hösten, detta läsår. Mina två hyresvärdinnor hade ett vitmålat hus på Branta vägen 22. Över trappen vid ingången hade de, med en mindre pensel, skrivit "Tubo" med blå bokstäver. De bodde på den nedre våningen, och hyrde ut några rum på den övre. Dessa var redan upptagna, så jag fick hyra ett rum nere hos dem, för 170 kr i månaden. Rummet låg till höger, i änden av hallen, och utgjorde husets nordvästra del. Vid hallens vänstra ände låg köket.

Skrivbordet stod vid rummets enda fönster i gaveln mot väster, och sängen längs väggen mot norr. Sett från rummets dörr stod det direkt till höger en byrå, och på den en flat grön skål med vatten. Till Idas och Bedas - ja, mina hyresvärdinnor hette faktiskt så - stora förfäran och förskräckelse hade det uppstått liv i denna lilla ansamling av vatten. Tyckte också själv att det var fantastiskt. "Sea Monkeys" stod det på den lilla påsen med livgivande små frön.

Mina hyresvärdinnor var nu mest oroliga för vad mina ovanliga experiment skulle kunna ställa till med, och tittade ibland in. Jag vågade naturligtvis inte förklara min ambitiösa plan. Det var illa nog som det var. Allt stod uppriggat på skrivbordet. Det hade varit många förberedelser och många försakelser fram till denna efterlängtade milstolpe. Både tid för ett normalt socialt liv och delar av studielånet hade offrats för min stora plan.

Såg ibland, med avund, på mina sjöapor som redan nu var i färd med att para sig. De kunde väl åtminstone tacka mig. Nåja, när jag har mitt på det torra, skall det väl bli tid för mig också, tänkte jag.

Det hela hade börjat hösten 1971 i Uppsala, under mitt första år hemifrån, som jag kom att tänka på likheterna mellan gravitation och magnetism. Vad är magnetism? Vi vet vad som skall till för att generera magnetism, och att fenomenet inledningsvis kan förklaras med strömmande elektroner. Men vad är gravitation? Utväxling av de ännu inte bekräftade gravitonerna? Vi vet att gravitationen existerar mellan materia ner till en atoms nivå. Men vad och var är gravitationen när vi plockar isär atomen? Vad jag inte visste var att Einstein in i det sista, fram till sin död 16 år tidigare, redan hade försökt lösa gåtan med gravitationen, som anses vara en av de fyra grundkrafterna på atomär nivå. Själv började jag luta åt att om den inte fanns som en egen kraft, så skulle den kanske på atomär nivå kunna uppföra sig som magnetismen. Kanske lösningen inte var så långt borta, och varför leta på ett djup som kanske inte finns? Mycket tid som skulle ha ägnats till studier i högre matematik gick denna höst åt till att rita och linda koppartråd i spolar inför kommande experiment med magnetismen.

Militärtjänsten, det följande året, blev ödeläggande för vidare tänkande i dessa banor. En extra rem, hjälpremmen, konstruerad för stridsutrustning blev i stället mitt bidrag till civilisationen detta år. Så när hösten kom 1973, och det åter blev tid för min plan att knäcka gåtan med gravitationen, fick jag börja med ett nästan tomt huvud efter den trevliga mentala pausen som flygarsoldat.

Den mest kända kraften i en atom är den som härskar mellan proton och elektron, den som ger upphov till elektricitet. Det är därför naturligt att anta att samma krafter kan förklara gravitationen, eftersom protonerna i en atomkärna också borde verka attraherande för andra atomers elektroner, vilket i sin tur borde resultera i att atomer dras mot varandra.

Men hur skulle en samling protoner, utan det omgivande molnet av elektroner, reagera mot omvärlden om man isolerade dem i en glasbehållare? Skulle dess repellerande kraft mot omgivande atomers protoner då vara större än attraktionen till de omgivande atomernas elektroner? Ritade och tänkte. Tog bl.a. hänsyn till att elektronerna var mer utspridda och att deras attraktionskraft därigenom var mer splittrad.

Det var dags att söka fakta genom experiment. Från Norstedt i Stockholm fick jag uppskickad en bandgenerator, den största investeringen. Och en iskall vinterkväll fick jag för 25 kr med mig en symaskinsmotor från en liten Bernina-butik i centrum av Sundsvall. Från en guldsmedsaffär; en bit guld, som jag hamrade ut till en spikformad elektrod. En pipett, uppskickat tillsammans med bandgeneratorn, blev m.h.a. min bror och en blåslampa, bearbetat till önskad form, genom att först bli avskuret till 10-15 cm's längd, för att sedan få ena änden böjd uppåt, och den andra änden avsmalnad till en spets, med ett mikroskopiskt hål.

Detta var upplägget inför experimentet, där planen var att med en kemiskt stabil anod-elektrod, guldet, och hög spänning åstadkomma en elektrolysprocess där ett större överskott av protoner skulle bli kvar i glasröret. Klor från saltsyran skulle alltså pysa upp förbi guldet. Protonerna skulle samlas i den andra, och täta, änden m.h.a. ett magnetfält från en kopparspole lindad runt glasrörets andra ände. Kanske hade jag också ett fält av minusspänning från bandgeneratorn mot denna sida. Svagheten med detta upplägg var att separationen av vätejonerna, d.v.s. utvinningen av protonerna, måste genomdrivas av en elektrolysprocess utan katod, men kompenserad av stor spänningsskillnad.

Det var med blandade känslor som jag startade symaskinsmotorn och lät bandgeneratorn dundra i gång. Var både oroad för att det skulle ske något och oroad för att det inte skulle ske något.

Det skedde absolut ingenting, i alla fall ingenting som kunde registreras. Hade ju närt en liten förhoppning att det skulle vara möjligt att förnimma klorlukt, men inte ens det. Så både Ida och Beda kunde andas ut denna gång. Jag var oavsett nöjd, för jag hade ju i alla fall försökt. Och kanske kunde jag andas in några vilsna protoner, eftersom motsvarande lilla antal kloratomer skulle ha varit för få för att kunna förnimmas.

Hade den förväntade klorlukten blivit tydlig, skulle nästa steg ha varit att förlänga röret med den omgivande kopparspolen och ansluta den till en stor flat glasbehållare som då skulle ha blivit världens första protonplatta. T.o.m. benämningen "protonplatta" skulle vara ny. Men kommen så långt skulle den antika greken Hermes' magiska sigill för tillslutning av glasrör ha behövts, och att glasets kristallstruktur skulle kunna förhindra elektroner att ta sig in till de åtråvärda protonerna. Jag låg på sängen och tänkte. Skulle kanske glasrörets "protonände" ha gjorts längre? Var magnetfältet från spolen rättvänt, och var strömmen genom den tillräckligt stark? Började inse att det var dags att lämna redskapen på stranden, kasta mig ombord på livets redan överfulla flotte, passivt driva neröver floden, och som alla andra börja ägna mig åt de ursprungligaste behoven. Inget dumt liv egentligen.

Hösten -73 hade förfärliga scener visats på TV'n inne hos Ida och Beda. Det var en brutal militärkupp i Chile, och på svenska ambassaden i Santiago sökte många, bl. a. en ung familj, skydd. Dagdrömmen om det ultimata vapnet hade därför inspirerat mina försök den vintern. Men nu, den följande våren, tvingades jag motvilligt packa ner mitt laboratorium. Jag fick min första anställning som datorprogrammerare tre år senare i Stockholm. På samma kontor började också mamman i nämnda familj. Vi blev goda vänner. Några år senare arbetade jag som konsult i Toronto. Efter avslutat kontrakt, drog jag vidare ner till Rio de Janeiro, i ett försök att få klarhet i vad som hade hänt min brasilianska fru och ofödda barn. En dag, där i Rio, fick jag besök av en man, som undrade om jag kunde hjälpa hans dotter att hålla sitt svenska språk vid liv. Efter andra lektionen, förklarade jag för flickan att hennes svenska nog var bättre än min, gav henne ett magasin med välskrivna alster, och sa som avsked att nästa steg för henne var att se hur journalister skriver, och att hon själv kanske kunde bli en. Tre decennier senare och tillbaka i Sverige kände jag igen henne, nu som väletablerad TV-journalist. I ett morgonprogram hade hon besök av en fysiker från Umeå. Han var upprörd över "förledande" fakta, som nu fanns tillgängligt. Det han höll i handen såg ut som en tidigare utgåva av denna bok. Flera år senare upptäckte jag att denna TV-journalist också var dotter till nämnda arbetskamrat i Stockholm. En cirkel var sluten.

Men före den upptäckten; Efter Rio hade två decennier försvunnit i Norge. Och när jag till slut kom tillbaka till Sverige, fortsatte jag snart att kasta bort ytterligare tid, åter följande avspårande behov. Denna gång genom att bygga hus åt min nästa blivande exfru i Thailand. När huset stod färdigt, hade jag förlorat de sista kilon som min kropp kunde avvara, och kompenserats med två oförglömliga skorpionstick. Emellertid var nu denna boks fortsättning klar, om än bara i huvudet. P.g.a. det svåra språket hade jag kunnat tänka ostört. Så efter en lång omväg för mig och för er läsare, var jag år 2005, äntligen tillbaka där jag slutade beväpnad med ljusa tankar om mörk materia och dess s.k. strängar.

Status idag, en sammanfattning.

Men innan jag fortsatte, blev det nödvändigt att åter **analysera det som är av relevans i saken, och som anses som vedertaget.** Det är resultatet av det, och det som logiken därifrån leder fram till, som gjort denna publicering mycket angelägen. Att tjäna pengar på idéer, som ingen tror på, är hopplöst. Detta blir därför ett överlämnande med följande vedertagna fakta, beskrivna på en **enkel, men korrekt och ändamålsenlig nivå.** Att här gräva ner oss med "pioner", "antineutriner" och andra partiklar skulle vara det samma som att lämna en motorväg för att ta oss ut på en stig i djungeln.

1. Det existerar en stark repellerande kraft från protonerna. Detta brukar åskådliggöras med ett diagram, som visar hur den ökar med minskat avstånd innan den plötsligt övergår till attraktion.

2. Fler än en proton måste ha minst en neutron för att kunna vara tillsammans. Neutronen tycks fungera som ett lim. Som exempel kan alfapartikeln nämnas. Den består av två protoner plus två neutroner. Att dessa fyra "nukleoner" bildar en stabil förening, kan förklaras av att en neutron kan avge en elektron och bli en proton. Nämnda elektron borde således, som ett lim i atomkärnan, kunna vandra mellan protoner, som turas om att vara neutron.

3. Trots attraktionen mellan protoner och elektroner, tar inte protonerna i atomkärnan till sig atomkärnans omgivande elektroner, och omvandlar sig till neutroner. (Undantaget är när en sådan omvandling leder till en stabilisering av atomkärnan.)

Hur det senare fallet går till kan man spekulera i. Kanske är det så att en proton stöts ut från atomkärnan och omedelbart träffas av en elektron från närmast omgivande skal. Att den därefter dras tillbaka till atomkärnan, kan ju förklaras av punkt 2. Att en fri elektron inte tas emot med öppna armar av atomkärnan kan kanske förklaras av elektronens rörelsemönster som är annorlunda än det för en neutron, eller kanske p.g.a. elektronens ev. koppling till något. Återkommer senare i boken till vad detta "något" kan vara, och med en förklaring till varför elektronerna är intresserade av protoner.

Följande gäller alltså:
A. Protoner tycks uppföra sig repellerande både mot andra protoner och mot elektroner.
B. Men protonerna attraheras trots det av elektronerna. (En paradox.)

Och följande tycks gälla:
C. Det som verkar hålla samman protonerna i en atomkärna är deras omgivande elektronskal, som också neutraliserar protonernas till synes repellerande kraft gentemot omgivningen.

Gravitationen skulle kunna förklaras av B, samtidigt som A skulle kunna tyda på att jag var på rätt väg med mina inledande försök, även om ambitionsnivån kan ifrågasättas. Logiken i analysen på de följande sidorna kommer att bygga på ovanstående tre påståenden. Resultatet, i slutet av denna del i boken (Del 1), blir en ögonöppnare.

Tanken den gången, vårvintern 1974, var att den repellerande kraften från en eventuell protonplatta skulle styras genom att vrida den i olika vinklar mot jordytan. Att skärma den m.h.a. av plattor eller ett fodral, som delvis omvandlade den till en kondensator, skulle vara ett annat sätt att styra den. Men den stora uppgiften kvarstod. Nämligen att lagra en större mängd separerade protoner. Tekniken att både separera protoner och att sända dem vidare hade funnits i många årtionden. Men går det att lagra en tillräckligt stor mängd av dem utan att de tar till sig elektroner? Och skulle det, i så fall, ge ett intressant resultat?

Figur 3a. Den modifierade pipetten.

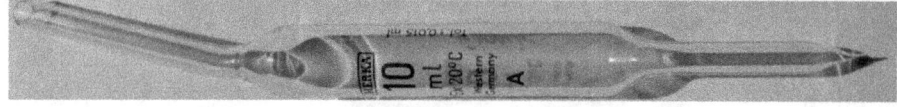

Figur 3b. Visar, från sidan, en glasplatta med hålrum; Protonplattan, som aldrig blev.

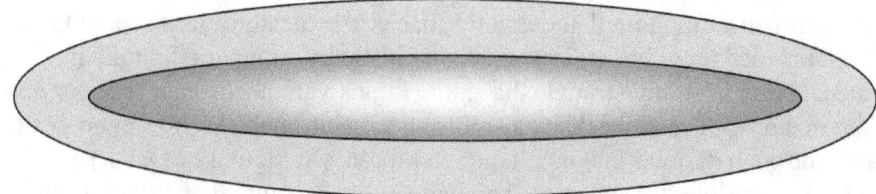

Vägen mot Otronplattan, uppföljaren till Protonplattan.

Steg för steg visas här med logikens hjälp, och med förankrade fakta (vilket är genomgående för boken) hur strängar-strängkedjor är en ofrånkomlig komponent i atomens uppbyggnad. Här beskrivs också hur strängarna verkar mellan atomer. Dessa teorierna bevisas i Del 3.

Tiden har nu kommit för att försöka fullföra min självpåtagna livsuppgift. Det har gått 4 decennier sedan jag motvilligt packade ner min experimentutrustning. Idéerna, som aldrig fick plats i kartongen, har emellertid varit ständigt närvarande under alla dessa år. Men denna gång skall logik baserat på existensen av de s.k. strängarna användas.

Ett välbekant fenomen är att ett svar alltid leder till nya frågor. Ett svar kan betraktas som ett trappsteg man kravlar sig upp på, för att därifrån försöka komma vidare, genom att med logikens och erfarenhetens hjälp etablera nästa trappsteg. Så är det också vid studier av materiens mindre beståndsdelar. Man kan etablera teorier eller sanningar vid olika trappsteg, innan man har ett gott nog fotfäste för att gå vidare. Vi accepterar **exempelvis** protoner och elektroner, som en enkel och fungerande förklaring till elektriciteten. De har det vi definierat som olika spänningar, och som strävar efter att utjämna varandra. För att komma vidare kan man, som alltid, fråga sig "varför"? Och vad är en elektrisk spänning?

I Del 5 i boken beskrivs vårt universum som ett oändligt stort hav av strängar (mörk materia), och att de subatomära partiklarna är sammansatt av olika föreningar av strängar. En tro på att de inte skulle bestå av något vore ologiskt. Detta kan vi bygga ett första trappsteg på, vilket tar oss vidare till:

Subatomära handtag, ett nytt begrepp.

Det finns ingen anledning till att tro att nämnda föreningar av strängar, alltså subatomära partiklar, alltid skulle vara släta små bollar utan att ha någon utstickande ände till en av de ingående strängarna. Antag att, exempelvis, elektronen har minst en sådan utstickande strängände, ett "stränghandtag". Och eftersom strängarna kan fastna i varandra och bilda nämnda föreningar, så betyder det att strängar som omger en elektron också kan fastna i nämnda handtag. Kopplingar mellan subatomära partiklar och strängar borde alltså finnas. Vi vet också, sedan tidigare, att det finns krafter som håller ihop delarna i en atom. Därför kan vi etablera nästa trappsteg baserat på dessa handtag.

De olika subatomära handtagen.

Vi börjar med att se vilka handtag vi har inom en atom ovanför "kvark-nivån" (en nukleon består av tre kvarkar). Att det finns olika typer av handtag kan vi utgå ifrån, eftersom vi annars inte skulle ha atomen uppbyggd efter fler än en regel. När nukleonen neutronen sönderfaller blir resultatet en proton och en elektron. Vid en lösare sammansättning mellan dessa två, har vi en väteatom. Den senare konstruktionen måste därmed förklaras med att vi har en sträng eller en kedja av strängar (strängkedja) mellan protonen och elektronen. Nämnda sträng/strängkedja skulle kunna vara positronen som gör en nukleon till en proton. Det kan m.a.o. vara så att beskrivna splittring av neutronen sker för att en positron slår ut elektronen, och att neutronen därmed inte innehåller en proton. (Se figur 12 i Del 4.) Två protoner binder sig inte direkt till varandra eftersom deras handtag ser likadana ut, eller för att de är för tunga för att hållas samman av en strängkedja. En proton och elektron ser olika ut, och har därmed möjligheten till att ha något som skulle kunna definieras som en s.k. hon- och en hankontakt för ovanför beskrivna sammankoppling till en väteatom. Längre fram ser vi på kopplingar mellan elektroner.

I atomkärnor finns det aldrig mer än en proton utan sällskap av neutroner. Två protoner kan t.ex. inte hålla sig tillsammans utan två neutroner. Och just den konstellationen utgör heliums atomkärna. Där passar antagandet om handtagen väl in i bilden. För samtidigt som de två protonerna är kopplade till var sin elektron, som befinner sig utanför atomkärnan, så finns det inget handtag som kopplar en proton till en annan proton. De skulle därför separeras och bilda två väteatomer, om det inte vore för de två neutronerna. En neutron, som alltså är en nukleon med en elektron, har en egenskap som verkar sammanhållande i en atomkärna. En logisk förklaring skulle kunna vara att en elektron, som rör sig runt beskrivna atomkärna, kan p.g.a. omkopplingar få närmaste neutrons elektron att hoppa över till angränsande proton. Placeringen av en elektron utanför atomkärnan skulle också kunna bli styrd av hur en elektron i atomkärnan förflyttar sig mellan två protoner, som turas om att vara neutron.

Det borde nu vara dags att etablera ett nytt trappsteg, innan vi förlorar fotfästet. Trappsteget skulle kunna vara:

Subatomära partiklars handtag kan omkopplas.

Dessa kan alltså kopplas lös för att därefter kopplas mot andra partiklar. I exemplet ovan kan vi se hur de fyra nukleonerna (protoner och neutroner) turas om att vara neutroner, genom att en elektron i en av de två nukleoner som för tillfället är en neutron hoppar över och binder sig till en av de två protonerna och gör den till en neutron. Detta sker tillräckligt raskt för att inte nukleonerna skall avlägsna sig från varandra. Den hoppande elektronen fungerar då som ett lim i atomkärnan, eftersom protonerna konkurrerar om den. Vi har m.a.o. en stabil atomkärna.

Och med denna beskrivning på hur handtagen växlar här, så skulle man djärvt kunna påstå att de elektroner som omger atomkärnan inte går i någon omloppsbana runt denna, utan att de bara hoppar omkring utanför atomkärnan, allt eftersom protonernas "stränghandtag" växlar mellan dessa elektroner och elektronerna i neutronerna. I detta samspel mellan **"inre"** och **"yttre"** elektroner är det, för större atomer, inte uteslutet att dessa också skulle kunna byta plats med varandra.

Ovanstående fungerar som en förklaring till både de krafter som håller samman en atomkärna och de krafter som håller samman en atom.

Frågan är varför inte alla väteatomer förvandlar sig till neutroner, genom s.k. elektron-infångning. Svaret kan vara att protonen, som allt annat, omges av strängar, och därför normalt bör ha sitt fäste mot elektronen redan etablerat i form av en strängkedja, som förhindrar elektronen att fästa sig direkt mot protonen. Det blir då lättare för elektronen att fastna i denna strängkedja.

Nästa fråga är: Hur kan en elektron haka sig fast i protonens redan etablerade strängkedja, vilken bör anses vara nukleonens positron? Svaret på det blir: Eftersom elektronen har en större koncentrerad massa än strängkedjan, så slår elektronen av kedjan, och hakar fast sig i änden i den del av strängkedjan som kommer från protonen. Det är ju bara mot den änden det kan bli en sammanhållande han-honkontakt. Följdfrågan, om vilken länk på kedjan som elektronen fastnar på, kan besvaras med att det måste bli den länk som är tillräckligt nära protonen för att ge en stabil koppling. Det kan med andra ord vara en del misslyckade kopplingar innan positionen stabiliseras. För att alla elektroner skall få plats i större atomer måste några elektroner nöja sig med längre strängkedjor mot atomkärnan. Längden på en sådan strängkedja avgör därmed hur fast elektronen sitter och vilket skal den tillhör.

Figur 4. Visar heliumatomen, som modell för hur atomens primära delar samverkar med varandra och de omgivande strängarna.

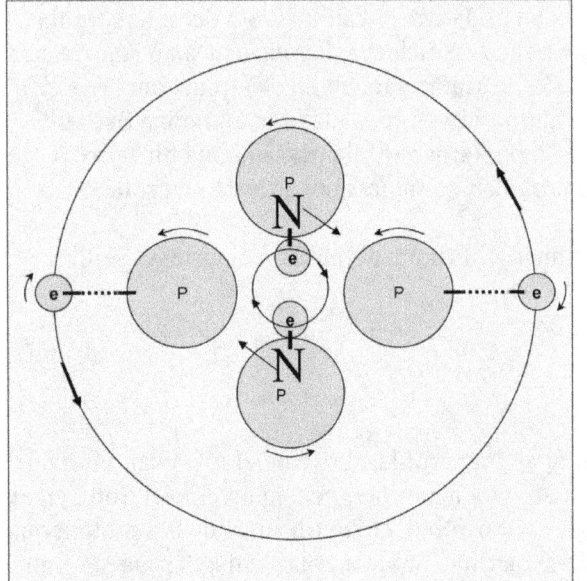

— = Stränghandtag
··· = Strängkedja

Det konstanta bruset av strängar som slår mot varandra rycker konstant i stränghandtagen till en atoms yttre elektroner, som då temporärt kan lossna från sina relativt korta och fasta strängkedjor mot atomkärnan. De därmed temporärt befriade protonerna i atomkärnan gör det möjligt för de inre elektronerna att hela tiden byta koppling mellan protonerna i atomkärnan (proton + elektron = neutron). Det borde vara denna dynamik som gör att alfapartikeln kan existera kortare stunder, men samtidigt är det konstant 2 lediga handtag kvar för ytterligare 2 yttre elektroner, och det är det som gör heliumatomen så stabil, och förklarar varför 4 väteatomer gärna bildar heliumatomen, och inte tvärtom. Beskrivna handtagsväxlingar i atomkärnan borde ge upphov till att involverade partiklar spinner runt sin egen axel, och slungar de yttre elektronerna från proton till proton runt atomkärnan. Riktningen på både spinn och elektronernas banor är knappast konstanta, men är antagligen ett resultat av både fasthakningar i omgivande strängar (se följande sidor) och de subatomära partiklarnas rörelseenergi/tröghet. Beskrivna dynamik i atomkärnan kräver också att nukleonernas kvarkar vänder sig synkront med nukleonernas rollbyten. Se detaljer om detta i texten till figur 12 i Del 4.

Kombinationen av de yttre elektronernas spinn och fasthakningar i omgivande strängkedjor borde ge upphov till vågrörelser genom strängkedjor, alltså ge en avläsbar signal. Sådana signaler har också registrerats.

Ovanstående beskrivning av de "inre" elektronernas hopp mellan protonerna i atomkärnan illustrerar också hur egenskapen "neutron" förflyttar sig utan att själva nukleonen behöver förflytta sig.

I bokens Del 2 förklaras varför fotonen inte finns. Det följande är en del av förklaringen. Att 4 väteatomer väger mer än en heliumatom har ju förklarats av att den energi, som uppstår vid fusionen av vätet, är från utstrålande fotoner, och att dessa skulle stå för viktsskillnaden. Men eftersom denna boks förklaring till att gravitationen är "externa" strängkedjors fasthakningar i atomens elektroner utanför atomkärnan, vilket framgår på de följande sidorna, så kan vi redan här se hur alla pusselbitar faller på plats. De externa strängkedjorna kommer ju inte så lätt åt de två inre elektronernas handtag inne i atomkärnan, och vikten uppfattas därmed som lägre. Och nämnda fusionsenergi måste alltså överföras via vågrörelser genom strängkedjor, vilket också nämns under "Fotonens död" i Del 2 och under "Rörelseenergi och strängkedjor" i Del 4.

Strängkedjor mellan elektroner.

Elektriskt laddade atomer, joner, har per definition inte samma antal elektroner som antal protoner. Varför atomer som har åtta elektroner i sitt yttersta elektronskal är så stabila att de inte kan joniseras, och varför andra atomer gärna låter sig joniseras, alltså låna eller låna ut elektroner, för att uppnå detta antal elektroner i sitt yttersta skal, är en fråga av intresse i sammanhanget.

I svaret på den frågan kan vi dra logiken till sin yttersta gräns med följande påståenden. En kub har åtta hörn. Om vi tänker oss att de åtta elektronerna är placerade som dessa hörn, och att det går en koppling längs kanterna mellan varje hörn/elektron, så skulle det innebära att varje elektron, förutom den beskrivna kopplingen mot en proton, också har minst tre separata kopplingar mot andra elektroner. Varje elektron skulle m.a.o., i tillägg till det redan beskrivna strängbandtaget mot protonen, också ha tre andra strängbandtag som antagligen passar en annan strängtyp än den i kedjan mellan proton och elektron, eftersom mellan elektroner borde vi inte kunna tala om hon- och hankontakter. Se figur 5 med text. Om elektronen skulle ha ett annat antal av denna typ strängbandtag, skulle det alltså medföra ett annat antal än åtta elektroner i ett stabilt yttre skal, och därmed helt andra molekyler än de vi har.

Och i umgänget mellan atomer blir det därför lätt för en elektron från en atom att fastna för att bilda ett hörn i beskrivna kub till en annan atom. Men en sådan lånad elektron får aldrig en koppling mot en proton i "värdatomen". Den kopplingen går tillbaka mot den atom den tillhör, och verkar stabiliserande på den skapade molekylen. I en vätska eller gas kan det däremot komma andra atomer i mellan, så att den utlånade elektronen lossnar från sin proton, och vi får två joniserade atomer. Även om inte förutsättningarna finns för en atom att bilda molekyler baserat på den stabila kuben, så fastnar alltid elektroners lediga handtag i omgivande strängkedjor (med möjlighet till oändlig längd), som i sin tur fastnar i lediga handtag inom samma atom eller i lediga handtag på andra atomers elektroner. Detta återkommer vi till, bl.a. under "Gravitation" i denna del, och i beskrivngen av He_2 (s.k. helium II p.g.a. dess annorlunda egenskaper) i Del 3.

Kubformen, den minsta möjliga symmetriska form och därmed den starkaste, som kan bildas av åtta elektroner, är så stark att en atom med ytterligare en proton i kärnan tvingas till att ha tillhörande elektron i ett nytt skal. Antalet elektroner och gällande skal i en atom, avgör därför i vilken geometrisk form elektronerna binder sig till varandra, och därmed också elektronens s.k. energivärde ("s", "p", "d", etc.). Det borde, för övrigt, inte vara möjligt för en elektron att spinna runt sin egen axel, om alla dess strängbandtag är upptagna inom samma atom. Elektroner med "lediga handtag" sitter naturligtvis lösare, och kan också koppla sig mot omgivande strängkedjor och därmed också mot andra atomer.

Det kan vara intressant i detta sammanhang att konstatera att en radonatom är tyngre än en blyatom. Men p.g.a. av det skal som radonatomens yttersta 8 elektroner bildar, så kan en radonatom inte binda sig till en annan radonatom, utan radon förblir i gasform. Att radon gärna sönderfaller, genom att avge alfapartiklar i s.k. radioaktiv strålning, visar att det finns en gräns för hur stora atomkärnor kan bli innan det med jämna mellanrum sker att någon av atomkärnans många alfapartiklar råkar bli lämnad utanför; både i utbytet av de inre elektronerna och i kopplingarna mot de yttre elektronerna. Läs också om den s.k. "tunneleffekten", beskriven under "Möjliga förklaringar till fenomen inom kvantfysiken".

Man kan också notera att de två elektronerna i en atoms första skal sitter stabilt. P.g.a. den stabila föreningen mellan nämnda elektroner och tillhörande protoner och neutroner, som redan är förklarat i figur 4. Väteatomen skulle, av samma anledning, högst ogärna låna en elektron för att få två i sitt elektronskal. Samma figur belyser också tydligt varför en atomkärna, med mer än en proton, måste ha neutroner för att kunna hålla sig samlad. I ljus av ovanstående påståenden om strängkedjor mellan elektroner, kan de två "yttre" elektronerna i figur 4 befinna sig på samma sida av atomkärnan Speciellt så; om dessa är inbördes sammankopplade med minst en strängkedja, och/eller om de är kopplade mot en annan heliumatoms två elektroner, och därmed bildar He_2. Se figur 10 i Del 3.

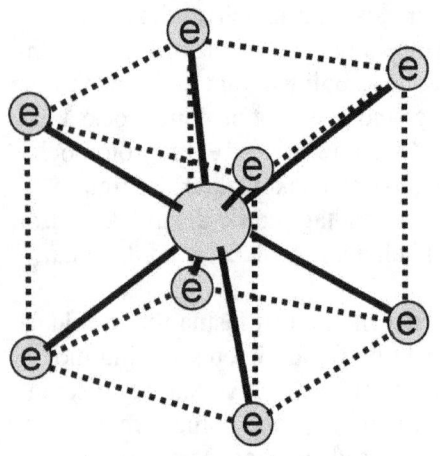

Figur 5. Visar en atom som har det stabiliserande yttersta elektronskalet med 8 elektroner, och hur dessa är kopplade till varandra m.h.a. strängkedjor.

Stränghandtagen på elektronerna kan också forma ett yttersta elektronskal med ett annat antal än 8 elektroner. Men kubformen är den minsta möjliga symmetriska form och därmed den starkaste, som kan bildas av åtta elektroner. Med exempelvis en tetraeder baserad på 4 elektroner, blir atomen tydligtvis mer exponerad för omgivningen, och kemiska föreningar uppstår. Detta tyder på att strängarnas fäste mot elektronen blir svagt, ev. p.g.a. trängsel eller p.g.a. elektronens utformning, vid mindre vinklar. Och med fler än 8 elektroner blir detta skal bevisligen inte heller lika starkt.

Mycket pekar därför på att varje elektron, utöver kopplingen mot en proton, har 3 stränghandtag, eftersom atomer med 8 elektroner i sitt yttersta skal är kemiskt stabila.

Strängarnas förmåga att fästa sig till varandra.

En fråga som skulle ha kunnat ställas tidigare i boken, är varför strängarna överhuvudtaget är intresserade av att fästa sig till varandra. Frågeställningen har emellertid större relevans här, efter genomgången av bokens teorier om subatomära stränghandtag. Ett svar på frågan får man om man ser på strängarna som föremål med ojämnheter, och att de p.g.a. av trängsel alltid stöter emot varandra. Deras utformning avgör därmed huruvida de kan bygga subatomära partiklar, som tidigare omtalat i boken, eller bara kan fästa sig till varandra i kedjor, som därefter eventuellt fäster sig till redan utformade subatomära partiklar.

I ljus av ovanstående förefaller teorierna om en speciell s.k. **Higgs partikel** och **fält** som ett famlande i mörker. Man bör emellertid känna en viss respekt för allt arbete bakom teorierna, som kan spåras ända tillbaka till 1934, då Yukawa presenterade sina teorier om nukleära krafter. Men baserat på den här bokens koncept om att subatomära partiklar är sammansatta av strängar, så kan man inte säga att någon sträng eller någon klump av strängar skulle vara viktigare än andra för partikelns massa. Det som gör en subatomär partikel "nåbar" för att kunna bli en del av en atom och därmed uppnå registrerbar massa, är dess stränghandtag.

Det man tror sig ha funnit av Higgs partikel skulle därför kunna vara en subatomär partikels stränghandtag, som har etablerats eller lossnat, och lämnat spår i form av vågrörelser. Definitionen på Higgs fält passar som en definition på interaktion mellan stränghandtag och strängkedja, eller mellan ojämnheter/gluoner som kan få exempelvis kvarkar att fastna i varandra.

Sammanfattande om stränghandtagen.

1. Eftersom elektronen och protonen (en nukleon) är kopplade till varandra över ett, i dessa sammanhang stort avstånd, måste de ha något som binder dem till varandra. Och p.g.a. de olika avstånd, som gäller inom en atom, finns det därför anledning till att anta att denna bindning består av en strängkedja, eftersom denna kan göras olika lång. Det är också vara rimligt att anta att länkarna, strängarna i denna kedja, har kontaktändar av "han"- och "hon"-karaktär, alternativt han- och honsträngar i kedjan. Detta grundar sig på att protonens kontaktände inte är identisk med elektronens kontaktände, vilket i sin tur grundar sig på att elektronen bara kan fastna direkt i nukleonen och bilda en neutron, om kvarkarna i nukleonen är vända på ett annat sätt. Se också figur 12 i Del 4.

2. Elektronerna har också andra typer av handtag. Dessa kan kopplas mot varandra. P.g.a. de variabla avstånd som man rimligtvis måste anta existera mellan elektroner, måste också kopplingarna mellan elektroner utgöras av strängkedjor. Eftersom elektronerna är identiska subatomära partiklar, måste ändarna på en sådan strängkedja vara identiska. Denna typ av strängkedja har därför inte en specifik han- eller honkontakt i ändarna. Däremot skulle varannan sträng, i en sådan kedja, kunna ha hankontakter i båda ändarna, och övriga; honkontakter i båda ändarna. En elektron kan koppla sig mot maximalt tre andra elektroner, vilket ädelgaserna med de "fixerade" åtta elektronerna visar.

3. Neutrinon, som inte är nämnd tidigare i boken, låter sig inte fångas, och uppför sig därför som en partikel utan stränghandtag. Den uppträder bland annat när en proton splittras och nukleonens tre kvarkar frigörs. Se "Neutrinon; Finns den?" i Del 4.

4. Detta kan också vara platsen för att nämna att repulsion mellan subatomära partiklar, som exempelvis protoner, antagligen inte existerar annat än som kollisioner där partiklarna inte fäster sig till varandra, p.g.a. att eventuella stränghandtag inte passar.

Gravitation.

Som beskrivits fastnar kedjor av strängar i atomens olika delar, och så skapas de olika krafterna som bygger och reglerar atomernas värld. Att strängar, eller kedjor av strängar, fastnar i en atoms olika beståndsdelar är ganska lätt att förstå då de subatomära partiklarna är uppbyggda av olika strängar, eller olika kombinationer av dessa.

Under föregående sammanfattning förklarades varför en elektron antagligen har tre stränghandtag som via strängkedjor kopplar sig mot andra elektroners motsvarande stränghandtag. Elektronens fjärde stränghandtag ser ju annorlunda ut och kopplar sig mot en proton via en strängkedja bestående av en annan typ strängar. Eftersom det inom varje atom finns fler stränghandtag av förstnämnda typ än vad som används mellan elektroner inom respektive atom, kan "externa" strängkedjor fastna i dessa, koppla sig mot elektroner i andra atomer och ev. bilda molekyler, som redan beskrivet. Det senare är antagligen bara möjligt mellan stränghandtag i det yttersta elektronskalet. Men möjligheten till oändligt långa kedjor av strängar kan, oberoende av avstånd, förmedla denna koppling, också mellan elektroner i inre skal. Se figur 6a. Baserat på detta följer här förklaringen till gravitationen.

Om vi ser på planeten jorden som ett bra och verkligt exempel på hur gravitationen verkar, förstår man att när en kropp, som jorden, är fylld av dessa strängkedjor, så måste de få en riktning som är radiell. Detta både av "trängsel" och för att strängkedjorna står i kontakt med strängkedjorna utanför jorden.

Föremål på, i eller utanför jorden blir därmed påverkade av riktningen på nämnda strängkedjor. **Det ständiga bruset av strängar, som slår mot dessa strängkedjor, ger upphov till (gravitations-) vågor längs dem, och utsätter elektronernas stränghandtag för en dragkraft, ev. förstärkt av det "spinn", som beskrivs i figur 4.** Gravitationen är "född". Vi kan därför lätt föreställa oss hur atomer blir dragna av strängkedjorna mot jordens centrum. Och vid förflyttning inom ett gravitationsfält lösgörs, med hög intensitet, varje berörd elektron från en extern strängkedja, och slår sig fast i en annan. En planet med större massa än jorden ger större täthet på strängkedjorna, och därmed större dragkraft. Dragkraften mot en atom begränsas emellertid av antalet lediga stränghandtag i den.

Med jorden som fortsatt exempel; Dess rotation runt sin egen axel orsakar antagligen en svag böjning av de radiellt utstrålande strängkedjorna. Föremål borde därmed inte dras helt radiellt mot jorden. Se figur 6b. Och det som denna bok nu har **definierat som gravitationsvågor** borde ha en högre hastighet än ljuset, eftersom ljusets vågrörelser, som det beskrivs i Del 2, förlorar tid p.g.a. avstånd mellan separata strängar och strängkedjor.

En relevant fråga är varför inte kopplandet till en strängkedja lika gärna drar ett föremål från jorden. För att förstå det, kan man jämföra med att med en hand hålla ett kort rep som sitter fast i närmaste husvägg, och med den andra handen hålla ett långt rep som sitter fast i ett hus mycket längre bort. Rörelser i det kortare repet ger större dragkraft än rörelser i det längre repet, förutsatt att båda repen är tyngdlösa. Eftersom det ändå är en viss dragkraft i det längre repet, förklarar det varför också månen utövar sin gravitation på oss, vilket tidvattnet är ett bra exempel på.

P.g.a. stränghandtagens ständiga omkopplingar mot strängkedjorna upplevs gravitationen som en bestående kraft, även vid förflyttning i riktning mot "gravitationens centrum". Men eftersom stränghandtagens omkopplingshastighet är begränsad, kommer inte gravitationen att kunna utövas på föremål som förflyttas över en viss hastighet mot gravitationens centrum.

Avslutningsvis om gravitationen; Den binder också atomer/molekyler till varandra. Och eftersom strängkedjornas längd kan vara obegränsat lång, kan gravitationen sträcka sig oändligt långt.

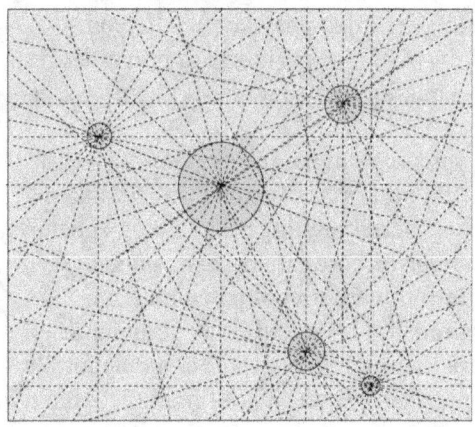

Figur 6a. Visar strängkedjor som sträcker sig mellan planeter och stjärnor.

Figur 6b (nederst). Visar hur gravitationen/strängkedjorna böjs runt en roterande kropp som exempelvis jorden, och hur gravitationsfältet varierar p.g.a. exempelvis månen. Tidvattnet visar detta tydligt. G1, G2 och G3 representerar olika stora G-krafter mot, i detta exempel, jorden. Den del av månen som har mer massa håller naturligtvis sin sida fixerad mot jorden. Jordens dragningskraft motverkar delvis månens egen ojämna gravitation. Detta illustreras med markeringarna "g1" till "g4". Om månens massa var jämnt fördelad, skulle gravitationen på månen vara minst vid "g1" (p.g.a. jordens rotation), ökas via "g2", "g3" och vara störst vid "g4".

Ingenting är nytt under solen, och historien visar att många vetenskapsmän inkl. **Airy**, **Stokes** och **Planck**, under slutet av 1800-talet, också ansåg att "etern" (denna boks strängar och strängkedjor) drogs runt jorden på illustrerat vis, men *då med hänsyn till* jordens rörelse med 30 km/s runt solen. Detta för att förklara vinkelskillnader vid observationer av stjärnor (stellar aberration) jämförda med 6 månaders mellanrum. Man ansåg alltså att ljuset var vågrörelser genom etern, vilket också är denna boks konklusion om ljuset. Se även "Ljusets konstanta hastighet och Einstein" i Del 2.

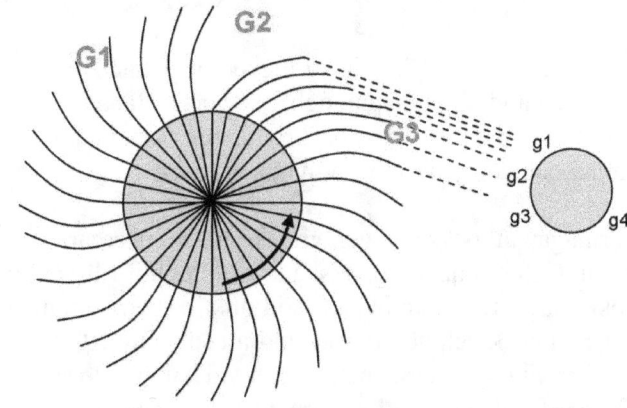

Magnetism.

Järnatomens elektronskal gör att dessa atomer bildar små enheter, ev. kristaller, inom vilka några elektroner kan röra sig obehindrat. Och om man ser på ett stycke järn som har magnetiserat sig, så kan man anta att varje sådan enhet har etablerat ett överskott av elektroner i den ena änden. Eftersom elektronerna, som tidigare beskrivet, är kopplade till strängkedjor, bl.a. mot protoner, så borde det från dessa elektroner stråla en bukett av strängar, som har förlorat kontakten mot sina respektive protoner.

Samtidigt har vi en motsvarande mängd protoner kopplade till var sin strängkedja, ev. avryckta, och utan kontakt med sina respektive elektroner. När dessa strängar får ett kortare avstånd till strängkedjorna från elektronerna i en angränsande magnetisk enhet, blir det "seriekopplingar" av dessa enheter, i stället för att ändarna (polerna) inom en enhet kopplas samman. Därför borde man kunna anta att de bilder man kan se av magnetfält visar strängkedjor som strålar ut från vardera pol på en magnet, strängkedjor som styrs mot varandra via sidorna och kopplas samman. Dessa kedjor av strängar är också förklaringen till hur ett stycke järn kan bli magnetiskt bara av jordens relativt svaga magnetfält, genom att beskrivna kedjor först etablerar enstaka mindre magnetiska enheter. Via tillhörande strängkedjor och seriekopplingar av dessa små magnetiska enheter magnetiseras också resten av järnet.

Att beskrivna buketter av strängkedjor från de två polerna kopplar sig mot varandra betyder att varje sträng i dessa sammankopplande kedjor har både en han- och honkontakt. Så när en strängkedja från en pol möter en strängkedja från den andra polen kopplas de samman.

Den magnetiska dragkraften utgörs, på samma sätt som för gravitationen, både av bruset från strängar som slår mot beskrivna strängkedjor, och av dragkraften från deras ständiga omkopplingar. Det "spinn", som beskrivs i figur 4, är också något som här nämnda elektroner utsätts för, vilket skulle kunna medverka till dragkraften.

"Magnetisk" repulsion existerar inte.

Om man trycker två magneters likadana poler mot varandra upplevs det vi kallar repulsion. Detta ord kan vara missvisande och vilseledande. Anledningen till apostroferna i överskriften är att denna kraft inte baseras på en omvänd magnetisk dragkraft, men den uppstår p.g.a. trängsel av strängar. Det kan liknas vid att försöka placera en sak där det redan står något, vilket ger oss en fascinerande möjlighet att så påtagligt kunna känna strängarna.

Om man däremot vänder på den ena av de två magneterna, så kopplar sig strängkedjorna från elektronerna i den ena magneten mot protonerna till den andra magneten, och vise versa. Båda magneterna uppträder nu som 1 magnet, och i detta fall uppstår inte den beskrivna trängseln bland strängarna, eftersom strängkedjorna kopplas samman och går genom båda magneterna.

De strängkedjor, som magnetfält utgörs av, har förmågan att också gå genom icke-magnetiserbara ämnen, som exempelvis luft eller organiska material. Och om det magnetiska kraftfältet blir tillräckligt stort, blir dess strängkedjor också märkbara för icke-magnetiserbara objekt. Vid olika experiment med starka magnetfält, det första utfört redan 1939 av Braunbeck och därefter av andra i slutet av 1990-talet, har bl.a. en liten groda hållits svävande. Man kan likna så starka magnetfält vid hängmattor av strängkedjor, som kanske också delvis utgör ett hinder för de gravitationsförmedlande strängkedjorna.

Det som alltså gör ett material magnetiserbart är, enligt denna beskrivning av magnetism, dess förmåga att hålla kvar de elektroner som har lämnat sina protoner. Vid s.k. statisk elektricitet utsätts föremål för samma typ av "magnetiska" krafter, så länge involverade föremål hålls elektriskt isolerade.

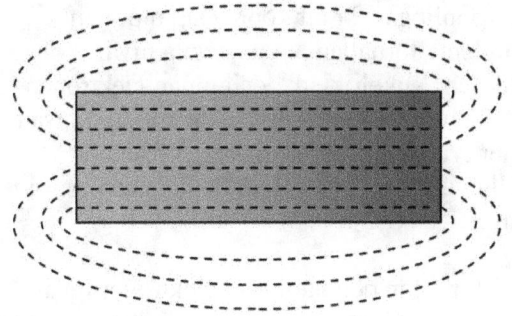

Figur 6c. En magnet, vars magnetfält är strängkedjor, som skulle kunna vara förlängda positroner, som definierade i figur 12 med beskrivning i Del 5.

Elektromagnetism och elektricitet.

Som magnetismen blev beskriven, blir det också lätt att förstå hur magnetiska fält, med därtill hörande ojämna fördelningar av elektroner, skapar det vi refererar till som spänningsskillnader i elektriskt ledande material i nämnda fält. Och när dessa utjämnas får vi en förflyttning av elektroner, en s.k. elektrisk ström. Detta är något som generatorer använder sig av. Att en elektrisk ström i sin tur genererar ett magnetfält bör då helt logiskt vara det motsatta, d.v.s. att förflyttningar av elektroner drar strängkedjorna fästade till dem i en riktning, samtidigt som strängkedjorna från de övergivna protonerna vänds mot de inkommande elektronerna.

En transformator använder en kombination av ovanstående m.h.a. av inkommande ström i en s.k. primärspole som omsluter en "järnkropp", som vi kan kalla järnkärna. Runt järnkärnan sitter också en s.k. sekundärspole för utgående ström. När det går ström genom primärspolen, och järnkärnan därmed magnetiseras rusar dess "lösa" elektroner i en riktning, vilket skapar ström i sekundärspolen. Men eftersom det är begränsat hur långt elektronerna i järnkärnan kan röra sig, så blir det ingen mer ström i sekundärspolen när elektronerna i järnkärnan har nått så långt som de kan komma. Därför måste strömmen i primärspolen hela tiden variera, exempelvis som växelström, för att sekundärspolen skall fortsätta att leverera ström. Det följande är kanske ett nytt sätt att se på den spänning som sekundärspolen genererar: Ett varv i den känner av den sträcka som elektronerna i järnkärnan har rört sig, och påverkar trycket av elektronerna i det varvet. Två varv ger alltså det dubbla trycket, d.v.s. den dubbla spänningen. Man kan jämföra skillnaden med att seriekoppla hästar. Att strömstyrkan samtidigt halveras beror på det dubbla (elektriska) motståndet, som ju står i proportion till trådens längd.

En elektrisk spänningsskillnad skapas av följande olika orsaker: **1.** Ett magnetiskt fält, som beskrivet ovanför, rycker med sig elektroner. **2.** S.k. statisk elektricitet, där ett material har större attraktionskraft på elektronerna än ett vad ett angränsande material har. Att det kan vara skillnader i nämnda attraktionskraft är lätt att inse, om man tänker på att det kan existera stora skillnader i atomers och molekylers utseende, och därmed hur fast en elektron sitter. **3.** I kemiska alternativ är det också skillnader i attraktionskraften som styr. **4.** Slutligen har vi den s.k. fotoelektriska effekten, där exempelvis ljus (eller andra energirika vågrörelser genom strängkedjor) slår elektroner från sina fästen i en atom. Om dessa lösgjorda elektroner kan upptas av ett material där de inte lossnar av samma påverkan, får vi också en spänningsskillnad.

En etablerad spänningsskillnad strävar, som bekant, efter att utjämna sig själv, men då naturligtvis på en annan plats än där separationen av elektronerna sker. Och det är detta som driver elektronernas vandring. Hur går den vandringen till, från atom till atom i en elektrisk ledare? För att det över huvud taget skall ske, så måste en atom, som har förlorat en eller flera elektroner, möta en annan atom. Men varför skulle en elektron i en annan atom släppa existerande kopplingar för att koppla sig mot den atom som har förlorat en elektron. Svaret är att det råder turbulenta förhållanden på denna nivå, oavsett om det är spänningsskillnader. I detta fall blir turbulensen "enkelriktad", och innan elektronen hinner komma tillbaka och åter igen fastna i sitt tidigare förhållande, så har en ny elektron från motsatt riktning tagit den platsen. Man kan lätt inse att berörda atomer tvingas till rörelser, vilket både genererar värme och ökar motståndet för den ström som skall överföras. Också elektromagnetism, som strömmen skapar, verkar bromsande vid överföring av elektroner.

Eftersom det, för varje elektron, är mycket kopplande både mot proton och närmaste elektroner innan den sitter "som den skall", så hinner detta inte bli fullständigt utfört innan nästa elektron kommer. Därför inser man lätt att det är denna inte fullständigt fastsatta elektron som får flytta på sig igen. Experiment har också verifierat att elektroner följer i varandras spår i en elektrisk ström.

En supraledare har, som namnet antyder, inte något nämnvärt motstånd. Det har observerats att dessa material, som ofta måste vara nerkylda till närmare 0 grader Kelvin, har parbildningar (Cooper-par) av elektroner. Denna bok gör gällande att sådana par är elektroner som är sammanbundna med mer än en strängkedja. Konklusionen skulle därför kunna vara att elektroner, som överförs, "surfar" på dessa extrakopplingar mellan elektroner. Supraledare borde vid strömöverföring kunna fyllas med elektroner; en för varje extrakedja. Med denna förklaring inser man lätt att påverkan på atomerna i dessa material blir minimal. Framför allt slipper man det "mödosamma" från- och tillkopplandet mot protoner. Både det värmealstrande och det elektromagnetiska motståndet blir därför minimalt. Supraledare beskrivs också i Del 3.

Otronplattan; Stränghandtag och korsande magnetfält.

Detta var vägen mot otronplattan, målet för min resa. Har på vägen analyserat verkligheten, och kommit fram till många konklusioner. Tanken var att dessa skulle hjälpa mig i min utveckling av uppföljaren till Protonplattan, men nu har själva resan blivit målet, och det följande har utkristalliserat sig:

Om man från en neutron avlägsnar en elektron bildas en proton, ev. p.g.a. en "tillskyndande" positron. Och om man därefter avlägsnar denne positron får vi, om inte en "otron" (eget begrepp i denna bok), så i varje fall tre kvarkar. Frågan är om de kan uppfylla drömmen om Otronplattan. Men andra partiklar, helt hopknutna strängbollar, utan stränghandtag skulle kunna användas, som exempelvis neutrinon, om denna inte bara är en vågrörelse. Frågan är hur man i så fall fångar in, förvarar och bevarar dessa eller nämnda kvarkar i en "otronplatta" för att de, som en sköld mot gravitationen, skulle kunna bryta strängkedjorna mot jorden. Det viktigaste bidraget från analysen i detta kapitel är emellertid konklusionen om vad det är som skapar det vi upplever som gravitation. Och än en gång, denna gång efter en grundig analys, ser det ut som om jag vårvintern 1974, trots allt, var på rätt väg. En samling av subatomära partiklar, där inte elektronerna ingår, borde kunna göra jobbet, d.v.s. bryta de gravitationsförmedlande strängkedjorna mot jorden. De yttre elektronernas kubkonfiguration i en ädelgas är inte till hjälp i detta sammanhang, eftersom externa strängkedjor kan fästa sig till lediga handtag på elektronerna innanför.

Undantaget i ädelgassammanhang skulle kunna vara He_2 (se figur 10 i Del 3), eftersom denna molekyl vid användande av två dubbla strängkedjor, inte har något ledigt stränghandtag. Om den hade varit stabil, och det hade varit möjligt att hålla den på plats med ett magnetfält, ev. m.h.a. nedfrysning, hade det varit ett alternativ. Som ett annat alternativt skulle man kunna försöka konstruera molekyler i fast form, och som inte heller har något ledigt stränghandtag.

En annan lösning skulle kunna vara att med magnetism "klippa av" de strängkedjor som förmedlar det vi upplever som gravitation. Ett eller flera eventuellt korsande *totala* magnetfält skulle därför förhoppningsvis göra det för trångt för de strängkedjor som förmedlar gravitationen. I beskrivningen under ""Magnetisk" repulsion existerar inte" förklaras att den magnetiska repulsionen beror på trängsel av strängkedjor mellan polerna. När detta stycke skrevs, i tidigare utgåvor av boken, var experimenten, med bl.a. grodan, okända för undertecknad. De experimenten bekräftar existensen av strängkedjor som, när de blir tillräckligt många, kan fungera som "hängmattor". Frågan är om de kan få en tillräckligt hög täthet för att klippa av de gravitationsförmedlande strängkedjorna.

En konkluderande avslutning på denna del.

Till slut bör det påminnas om att ovanstående är teorier som varken går att bevisa eller motbevisa. Men logiken bakom dem är baserad på följande punkter som de flesta borde kunna ställa sig bakom:

1. De olika subatomära partiklarna måste ha blivit uppbyggda av något. Detta något kan vi kalla strängar. Sedan tidigare har vi det etablerade begreppet; **Vakuumfluktuationer**", som står för slumpvist skapande av partiklar i vakuum. Detta passar bra in i denna boks koncept.

2. Det skulle vara högst osannolikt om sammansättningen av de strängar som formar en subatomär partikel skulle vara så perfekt att det inte skulle vara en interaktion med andra strängar.

Det intressanta är; att det ser ut som om de fyra naturkrafterna; gravitationen (inkluderat Van der Waals-kraften), magnetismen, den starka kärnkraften (sammanhållningen i atomkärnan) och svaga kärnkraften (sammanhållningen i en neutron) borde anses som förklarade i detta kapitel.

Det har (precis som inom religionen) anförts att det inte går att, som ovanför, använda logik på denna nivå. Och i de fall man har kompletterat tillkortakommanden med nya teorier har man riskerat att få både motsägelser och ett mindre trovärdigt lapptäcke. Då är det bättre att backa och pröva en "ny ingång i labyrinten".

Forskningen på atomer har fram till i dag producerat många fina teorier om subatomära partiklar, som exempelvis pioner som sammanhållande partiklar mellan nukleoner i en atomkärna, och om gluoner som sammanhållande partiklar mellan kvarkar i en nukleon. Gluoner anses därmed också kunna verka mellan kvarkar i angränsande nukleoner. Noggranna studier och analyser av resultat till experiment har lett fram till förklaringar som inkluderar ytterligare partiklar, som bl.a. bosoner, leptoner, fermioner och graviton, m.fl. Gravitonen är tänkt som en förklaring till gravitationen, men den partikeln är inte funnen. Det har också producerats formler och lagar, som t.ex. Coulombs lag, som exakt beskriver den repellerande eller attraherande kraften mellan två elektriskt laddade partiklar förutsatt att de inte rör sig i förhållande till varandra.

Denna bok vänder sig inte direkt mot något av detta, bortsett från förklaringen till gravitationen. Kvarkar skulle kunna vara små "strängbollar" som binder sig till varandra antingen direkt eller m.h.a. gluoner, som i sin tur skulle kunna vara korta strängkedjor. Att man talar om uppkvarkar och nerkvarkar skulle kunna hänföras till hur deras koppling blir mot antingen en positron eller en elektron. Se också figur 12 i Del 4. Man borde emellertid vara förvånad över att elektronen inte spelar en större roll i teorierna som förklarar sam-existensen mellan protoner och neutroner. Men om vi "kokar ner" allt till strängnivå, så är det på den nivån som allting börjar och slutar. Då är vi långt bakom begrepp som exempelvis gluoner och olika elektriska laddningar. **För det som det *bara* handlar om, och som också de fyra naturkrafterna kokar ner till är:**

Strängar i rörelse som fastnar, eller inte fastnar, *i varandra.* (Attraktion eller repulsion.)

Strängar, i det påståendet, inkluderar de strängar som bygger upp de subatomära partiklarna, och därmed också de strängar, vars ändar i denna bok har beskrivits som partiklarnas stränghandtag. Inkluderade i begreppet strängar är också de strängar/strängkedjor som omger och eventuellt kopplar sig mot partiklarnas stränghandtag. Allt är strängar. Detta är enkelt. Och det är logiskt att ju djupare man kommer under ytan på något komplext, desto enklare blir de förhållanden som gäller.

Denna enkla princip, om hur det förhåller sig nere på strängnivå, var John Archibald Wheeler på "kanten av" att förstå redan år 1955, när han beskrev det han kallade för "**kvantskum**". Det har också gjorts matematiska beräkningar på detta. Beräkningar som kan tyckas vara onödigt komplicerade p.g.a. teoriserandet om tid och rum.

Partikelfysikens historia är full av teorier om olika "kroppsdelar till en elefant", utan att någon förstår vad det är man ser. Det är oavsett **imponerande att så många öar av kunskap har kunnat skisseras fram genom åren**, trots avsaknaden av en helhetssyn som denna bok erbjuder. Samtidigt är det något märkligt att ingen tidigare har lyckats "skrapa fram" hela bilden. Skulden till detta kan läggas på Lorentz' och Einsteins antaganden om fotoner och tiden, vilket håller dörren, till gåtans lösning, stängd. Budbäraren, en hel elefant i form av helium II har knackat på, men ingen törs öppna. Einsteins teorier behandlas i nästa del, och helium II beskrivs i Del 3. **Följande sammanfattning är** viktig för förståelsen av boken. Den är **spjutspetsen som, på nästa sidor, punkterar "Einsteins värld"**.

Strängarnas roll och egenskaper.

1. Strängarna utgör de byggstenar som materien är uppbyggd av. Massan kommer alltså från alla ingående byggstenar, och dessa interagerar med omgivande strängar. (Fastnar eller inte fastnar.)
2. Strängarna utanför materia är, **trots sin massa, inte utsatta för gravitation**, men de skapar och förmedlar gravitation mellan materia, *som en skakande kedja mellan två knutar på denna*.
3. Strängar utanför materia får inte en ökad täthet p.g.a. själva gravitationen.
4. Strängarnas täthet ökar däremot mot centrum av en förekomst av materia, som exempelvis en planet eller en sten. Detta kan jämföras med ekrar i ett cykelhjul. I svarta hål sätts detta förhållande ur spel, då många atomer förintas eller delvis pressas sönder, så att deras handtag mot strängar blir färre.

Av ovanstående punkter framgår varför **materia är bunden till omgivande mörk materia**. Detta förklarar många fenomen, som behandlas senare i boken.
Nästa del, Del 2, där fotonens existens offras, tar oss lite längre i jakten på att upphäva gravitationen.

Del 2.

Fotonen finns inte
och inte heller Flogiston*).

*Det är lättare att tro på en lögn,
som man hört tusen gånger,
än en sanning,
som man hör första gången.*

*) Ett påhittat ämne, som vetenskapens fanbärare trodde på i ett århundrade, trots att man kunde visa på brister i logiken.
Vi har samma problem med fotonen i dag. Om den skulle finnas; då blir tolkningen av ett experiment (utfört av forskare och refererat till i denna del av boken) att en foton, helt ologiskt, skulle veta vad en annan foton gör.

Ljusets konstanta hastighet och Einstein.

Här görs en historisk sammanfattning av vad som har präglat vår förståelse av ljusets hastighet och de s.k. fotonerna. Baserat på begreppet "eter" (mörk materia) gjordes år 1887 ett viktigt experiment. Trots den, i långa tider, utbredda misstron mot begreppet mörk materia, har dagens vetenskap baserar sig på detta experiment. En paradox, som ingen tycks ha fäst någon uppmärksamhet till. Och att vetenskapen på detta område har hamnat i en återvändsgränd, uppfattas tyvärr som en naturlig del av vardagen. Kunskap om strängarnas roll och egenskaper, som formulerat i slutet av Del 1, skulle ha räddat situationen.

Bakgrund.

Denna bok hävdar att fotonen inte finns, och att all elektromagnetisk strålning, ljuset inkluderat, är vågrörelser genom strängar. Också tidigare, redan på 1800-talet, ansåg man att ljuset var vågrörelser genom strängar, som man kallade "eter". **Jean Fresnel** föreslog, år 1818, en teori som gick ut på att vi inte bara är omgivna av denna eter, utan att den också genomsyrar all materia. Detta är helt i enlighet med denna boks teorier om strängar och strängkedjor. År 1864 beräknade **Maxwell** ljusets hastighet genom etern. Han föreslog att ljuset är vågrörelser genom samma medium som för elektriska och magnetiska fält, och att alla tre är elektromagnetiska i sin karaktär. **MEN** antagandet om etern som ett medium för ljuset fick sig en oväntad knäck, efter ett experiment där man hade konstaterat att ljuset sänds ut lika snabbt både framåt och bakåt i förhållande till jordens rörelse med 30 km/s runt solen. Experimentet, utfört av **Michelson och Morley år 1887**, gick ut på att med ett arrangemang av speglar, där eventuell interferens av ljusvågor, utsända från en och samma ljuskälla, skulle visa om ljuset, som fick gå i jordens rörelseriktning, behövde längre tid. Ingen skillnad kunde observeras, och just detta faktum skapade mycket huvudbry bland den tidens auktoriteter på området.

Den förklaring som denna bok förfäktar är att etern är fäst till angränsande materia, vilket också nämns i **Stokes och Plancks** teori från 1899, där man förutsatte att eterns densitet ökar med gravitationen. En annan som arbetade med denna frågeställning var **Lorentz**, som tyvärr kom fram till att eterns densitet då skulle bli för hög för att kunna förklara en relativt oförändrad ljushastighet. **Att man inte kände till eterns/strängarnas roll och egenskaper,** som sammanfattat i slutet av Del 1, **sände utvecklingen in på fel spår.** (Och längst fram i det tåget sitter dagens elit på området och försöker finna en utväg m.h.a. nya teorier.) Resultatet från experiment, utfört av **Michelson, Gale och Pearson**, år 1925, där man tog hänsyn till jordens rotation, ansågs också vara i Stokes och Plancks disfavör. År 1904 publicerade Lorentz sin förklaring. Han hade förkastat Michelsons tanke, var säker på att etern är helt separerad från materia, och ansåg att man måste se experimentets fysiska inramning som något som förflyttades med 30 km/s in i en ny plats i etern. Och att man av den anledningen inte längre kunde kalkylera med att den vanliga fysikens lagar gällde för den mätutrustning som följde vågrörelsen genom etern.

Via sina transformationsekvationer - en vidareutveckling av Galileitransformationerna skapade av Newton, för mätning av tid och rum på två platser som rör sig i förhållande till varandra - menade han att problemet var löst. Ekvationerna gav upphov till begreppet **längdkontraktion**. Den gick ut på att ju högre hastigheten är för något som skulle kunna mäta den sträcka som passeras, ju kortare blir denna. Begreppet **tidstransformation**, som skulle innebära att tiden går saktare för föremål ju högre hastigheten är, är en annan sida av samma sak. Lorentz var inte ensam om dessa idéer, men det är hans namn som har lånats till dessa idéer. Läs mer om "**Lorentz´ faktor**" i appendix i slutet av boken. Detta var bakgrunden, när världens vetenskapliga öde stod på spel, och slagfältet år 1905 låg öppet. Det avgjordes inte av någon helhetssyn, för kunskap saknades. Inte ens existensen av atomen var accepterad. "Rörelseenergi och strängkedjor" i Del 4 är intressant i detta sammanhang. Det visar hur etern både är förankrad i, och följer med, angränsad materia. Se även figur 6b i Del 1.

Einsteins speciella relativitetsteori.

"Kuppen" kom från en, i dessa sammanhang, okänd ung man vid namn **Einstein**. Han hade lagt pussel med teorier och ekvationer från Maxwell, Lorentz och Planck, och byggt vidare på det. Einstein var bara 26 år, och forskarna som under många år hade slitit med problemställningen måste ha känt sig uppgivna. Att någon "opartisk", som Einstein, tog över och presenterade en lösning, med ingredienser från de flesta involverade, kunde ha varit frestande för forskarna att motvilligt acceptera. Problemet var att Einstein baserade sin lösning på postulat, som han hittade på för att kunna lösa problemet. M.h.a. dessa postulat byggde han matematiska modeller, som resulterade i tämligen populistiska slutsatser. Forskarna protesterade, men Einstein som var yngre överlevde dem. **Se "Einsteins två postulat"** i Appendix.

Med dessa postulat gjorde han ljusets utbredning oberoende av etern som medium, vilket i sin tur krävde att ljuset måste vara baserat på partiklar, på vilka Plancks begrepp; **ljuskvantum, det som senare fick benämningen "foton"**, kom att användas. Einstein påstod bl.a. i sitt berömda verk från 1905, "**Den speciella relativitetsteorin**" med de s.k. fältekvationer, att ett objekts relativa hastighet i förhållande till ljuset är konstant, oavsett objektets egen hastighet. **Observera att ett felaktigt antagande, om exempelvis tid och rum, fortfarande är felaktigt, även om antagandet kan beskrivas matematiskt.** Trots det; Detta vetenskapsområde blev med tiden ett offer för världens största hjärntvätt, som har åsidosatt både logik och invändningar, ett tungt faktum som är lätt att verifiera. Behovet av en ny generation av forskare som vågar stå upp för logiken är därför akut.

Som det nu är; är det inte överraskande att det dyker upp logiska problem som exempelvis följande: Om någon skulle resa i hög hastighet efter ljuset, t.ex. med halva dess hastighet, så skulle man trots det ändå kunna säga att ljuset fortfarande passerar denne resenär och lämnar honom med ljusets hastighet. Eftersom det inte går att lappa ihop detta logiska dilemma med vilka lappar som helst, används Lorentz' tidstransformation som "Kejsarens nya kläder", en skräddarsydd lösning, som folk har fascinerats av, och försiktigt applåderat till i ett sekel. **För att teorin om ljusets konstanta relativa hastighet skulle stämma matematiskt, blev alltså påståendet - tiden går saktare för en resenär, ju högre dennes hastighet är - nödvändigt.** Einsteins ansågs sig kunna bevisa detta med sitt berömda tankeexperiment om ljuset i tåget. Se figur E.

Om alla GPS-satelliters s.k. atom-ur skulle visa en konsekvent uppbromsning av visad tid, så skulle det kunna förklaras av ett intensivare tryck/genomflöde av strängkedjor, vilket ju måste påverka subatomära processer för både människor och tidmätande apparatur, utan att tiden bromsas.

Relevanta frågor till den som anser sig ha sett kejsarens nya kläder: Har vi, baserat på objekts olika hastigheter och rörelseriktningar, olika tidssystem i universum? Och vad skall ett objekts hastighet mätas i relation till?

Figur E. Einsteins tankeexperiment, som skulle visa att tiden går saktare för den som förflyttar sig. Följande kan ses på som en illustration av Lorentz' teorier, som Einstein kopierade.

A. Inne i en tågvagn konstaterar en obsevatör att ljuset går ner, speglas och går rakt upp.

B. En annan observatör, vid den passerande tågvagnen, konstaterar att ljuset går en längre väg på samma tid.

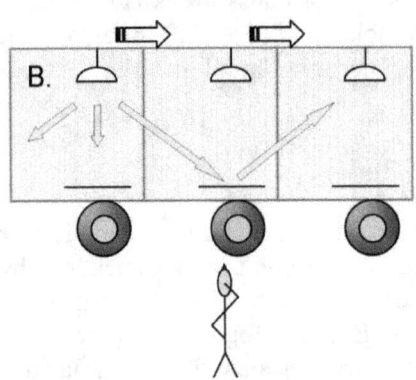

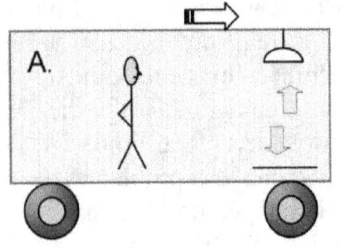

Eftersom Einstein utgick från att ljusets hastighet är konstant, måste tiden därmed ha gått saktare för både observatören och ljuset inne i tågvagnen, än för observatören utanför det passerande tåget.
Denna bok hävdar emellertid att ljuset utgörs av vågrörelser med en konstant hastighet genom mörk materia, i detta fall bunden till tåget. Ljusets hastighet i förhållande till omgivningen påverkas därför av tågets hastighet.

Några exempel på alternativt tänkande med tidens hastighet som konstant.

Men först kan man väl vara kritisk till Einsteins tankeexperiment, och påstå att ljuset i bild "A" faktiskt går snett neråt. Att observatören inte har möjlighet till att se detta "bakifrån", betyder inte att ljuset går vertikalt. Och i stället för ljus skulle man kunna använda fallande vattendroppar. Visserligen utan spegel, men det räcker för att "avslöja" experimentet. Att Einstein funderade på ljuset och dess förhållande till tiden, måste ha grundat sig på Michelsons och Morleys nämnda experiment, år 1887.

Se figur EX1. Denna bok hävdar att ljuset är vågrörelser genom de strängar/strängkedjor som vi alltid omges av. Boken innehåller många exempel på att det måste vara så. Också i detta fall kan vi bygga en förklaring som kan baseras på detta. Vi har två lösningar.

Figur EX1.

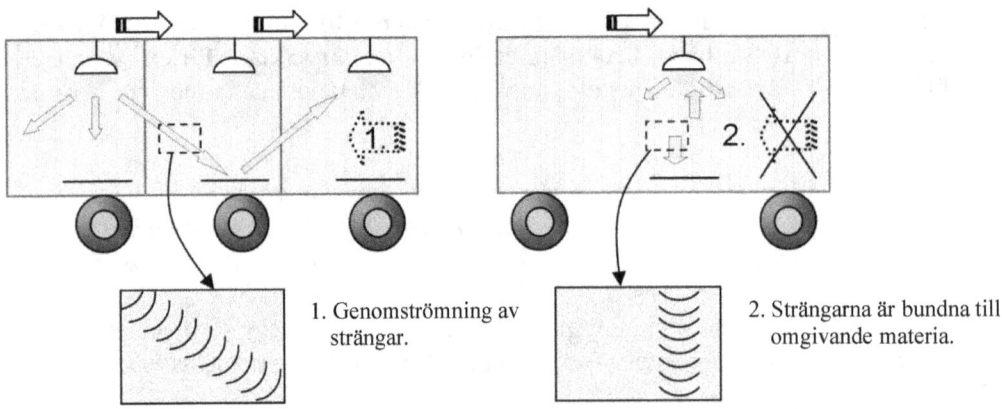

1. Genomströmning av strängar.

2. Strängarna är bundna till omgivande materia.

Jakten på tyngdlösheten, Rolf Sjöström.

Enligt lösning "1" reser tågvagnen *genom* strängarnas hav. Ljushastigheten *är* konstant genom "etern", enligt Maxwell, men eftersom ljuset *möter* strängarna, dess medium, måste det gå en längre sträcka. Detta måste ta längre tid, och kan jämföras med att simma mot strömmande vatten. Ljusets hastighet är ändå konstant *genom* etern. (Ljusets hastighet är för övrigt *inte* alltid konstant, utan beroende av det medium som det breder ut sig genom. Laserljus genom gas, som är nerkyld till en temperatur nära den absoluta nollpunkten, visar detta med en tydlig uppbromsning.)
Om lösning "1" skulle gälla, alltså att strängkedjorna inte är fästade till omgivande materia får vi följande; Eftersom ljusets hastighet är konstant, och ljuskällan inne i tågvagnen redan har en hastighet, så måste ljusets *vertikala* hastighet mot spegeln bli lägre än vad den annars skulle vara. Och om det vore tekniskt möjligt skulle *både* observatören inne i tågvagnen och den stillastående observatören utanför kunna registrera detta utan att tiden går saktare för någon.

Enligt lösning "2" tar materia (föremål) med sig omgivande strängar, vilket är det mest logiska. Detta omhandlas i "Rörelseenergi och strängkedjor" i Del 4. Därför kan de vertikala "ljusstrålarna" träffa spegeln. Det kan här jämföras med att simma över stillastående vatten i en simbassäng på en båt.

Båda lösningarna är mindre långsökta än teorin om uppbromsning av tiden, som ju är ett synnerligen ovetenskapligt påhitt. Något att tänka på: När som helst skulle en observatör inne i tågvagnen kunna sträcka ut en hand och slå den mot en hand till en observatör som ser tåget passera. Båda skulle känna smärtan samtidigt, och därmed bevisligen leva i synkroniserad tid. Risken är emellertid att det då hävdas att mellan två sådana handslag så går tiden saktare för observatören inne i tågvagnen. Men hur ser man på tågets hjul? Befinner sig den sida av tågets hjul, som för tillfället har kontakt med rälsen, i normal tid, medan resten finns i en annan tid?

Se figur EX2. Detta tankeexperiment är, precis som Einsteins, baserat på principen om ljusets konstanta hastighet och en tågvagn, vilket borde glädja de konservativa puritanerna. Allt pekar på att omgivningens strängar följer med, som beskrivs i lösning "2" för figur EX1, och detta exempel i figur EX2 är bara en teoretisk övning på den lösningen.

Figur EX2.

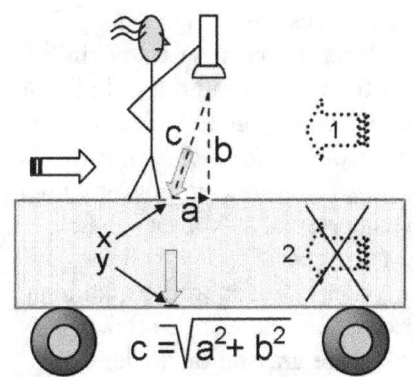

a = Den sträcka som tåget förflyttar sig på den tid som ljuset använder för att nå tågvagnens tak.
b = Den sträcka som ljuset går, när tåget står stilla.
c = Den sträcka som ljuset går, när tåget förflyttar sig.
Pythagoras sats visar förhållandena.

En praktisk mätning av platsen för "x", borde visa att ju fortare tåget går, desto längre bakåt förflyttar sig denna plats. **Det skulle i så fall bevisa att ljuset är vågrörelser genom strängar. Och om den uppmätta platsen för "y" befinner sig lika långt tillbaka, bevisar det att strängar följer med angränsande materia.**

1. Genomströmning av strängar. 2. Strängarna är bundna till omgivande materia.

Se figur EX3 och tillhörande förklaring av variabler. Det ljus, som sänds från t.ex. ett flygplan, lämnar detta med ljusets hastighet. Problemet är att det hävdas att ljusets *relativa hastighet* i förhållande till flygplanet *också* är ljusets hastighet, alltså att "b" är lik "c". För att få det påståendet att stämma matematiskt, sägs det att tiden går saktare ju fortare man rör sig. Att tilldela en hastighet en variabel tidsenhet, och sedan påstå att denna hastighet skulle vara konstant, är både motsägelsefullt och horribelt. Men om vi trots det använder tidsfaktorn "t" i formeln; "t(a + b) = c". Då påstår man att *också för själva ljuset*, som lämnar flygplanet, så går tiden saktare! Att, med tidsfaktorn, göra sekunderna längre för en eventuell foton hjälper föga, eftersom flygplanets relativa hastighet till ljuset antas vara den samma också till ljus, som inte har sänts från flygplanet. Alternativet; "t(a) + b" är inte till någon hjälp, utan leder till en hastighet över ljusets. Den lösning som återstår är att "t" = 1 och "b" < "c". Verkligheten är alltså inte overklig. Vi följer alla med på samma tidsaxel.

Figur EX3.
a = flygplanets hastighet, b = den (OBS!) *relativa* hastigheten på det ljus som sänds från flygplanet,
c = ljusets hastighet, t = tidsfaktorn (ex. = 0,5 innebär att tiden går med "halv fart").

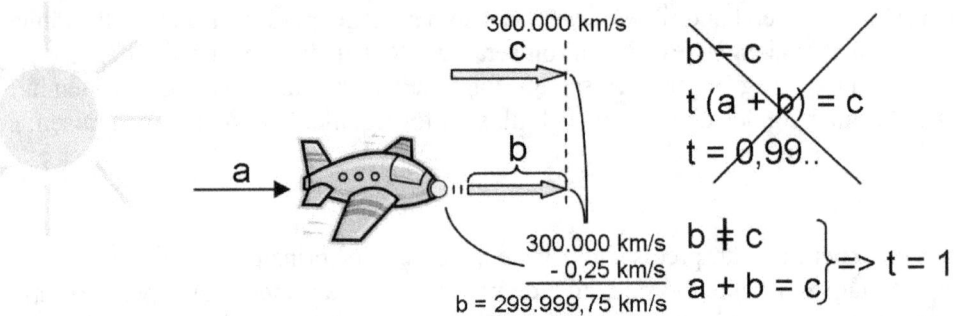

Einsteins allmänna relativitetsteori.

Eftersom en ökning av hastigheten och gravitation upplevs på samma sätt, bestämde Einstein sig för att göra ovanför nämnda teori mer generell, och utgav år 1916, **"Den allmänna relativitetsteorin"**. Denna teori säger därför; att ju starkare gravitationen är, ju saktare går tiden. Alltså att tiden skulle gå fortare på exempelvis månen. *Men eventuellt registrerbara tidsskillnader borde kunna förklaras av att; Parallellt med ökad gravitationen ökar också andelen uppbundna strängkedjor och eventuellt även den strängtäthet, som omger atomernas tidsbestämmande vibrationer i atom-uret.* För övrigt och angående påståendet om tidsuppbromsning (tidsdilatation) i relativitetsteorierna, så kräver inte helt oväntat, också dessa påståenden, i sin tur lappar för att bli vattentäta. *Utan* dessa lappar skulle "fotonerna" från t.ex. solen eller Jupiter, med en gravitation som är mycket större än jordens, komma från en annan tid, enligt nämnda teorier. Beskrivna tidsdilatation har också ansetts vara en förklaring till den s.k. gravitationella rödförskjutningen av ljus från en plats med större gravitation än den hos mottagaren av ljuset. Detta kan emellertid förklaras av skillnader i strängtäthet, och kan jämföras med en gitarrsträngs ton, som ändrar sig när strängen slakas.

Fotonen har inget existensberättigande.

Enligt den etablerade vetenskapen är ljusets hastighet konstant i vakuum. Så konstant att den inte ens förändras även om ljuset sänds från en ljuskälla i rörelse. Av detta följer helt logiskt att det vi definierar som elektromagnetiska vågrörelser av fotoner, i stället måste vara bara vågrörelser genom det medium som ljuskällan befinner sig i. Detta kan jämföras med ett föremål som rör sig genom vatten. De tryckvågor som det kan alstra i alla riktningar har samma hastighet, både framför och bakom föremålet, oavsett frekvensen på vågorna. Genom att föra en avläsare av nämnda vågor, till eller från det objekt som alstrar vågorna, kan man också uppleva olika frekvenser på dem. Men utbredningshastigheten är alltså konstant. Och som vågrörelser genom ett hav av strängar (etern) rör sig ljuset.

En fotons massa antas vara noll vid stillastående, och bara existera när den rör sig, vilket ju är ett indirekt erkännande att den inte existerar. Det är bara en våg. Vågen på vattnet existerar heller inte när den inte rör sig. Man kan också fråga sig hur en s.k. foton ska kunna "stånga" sig genom universums hav av strängar, den mörka materien, i miljarder av år utan att bromsas upp.

Vid experiment genomförda av forskare i "Laser Cooling and Trapping Group", National Institute of Standards and Technology i USA, har man år 2012 lyckats sända en ljussignal med en hastighet som var högre än den normala ljushastigheten. Man hade, på en existerande bärvåg av ljus, lagt på en ljussignal från laser. Resultatet blev, förutom den redan existerande bärvågen, en ljussignal med en hastighet över den normala. Experimentets resultat kan tas till intäkt för att ljuset verkligen bara är vågrörelser genom ett medium, och inte fotoner som omnämns.
Se **https://www.nist.gov/news-events/news/2012/04/first-fast-and-faster**

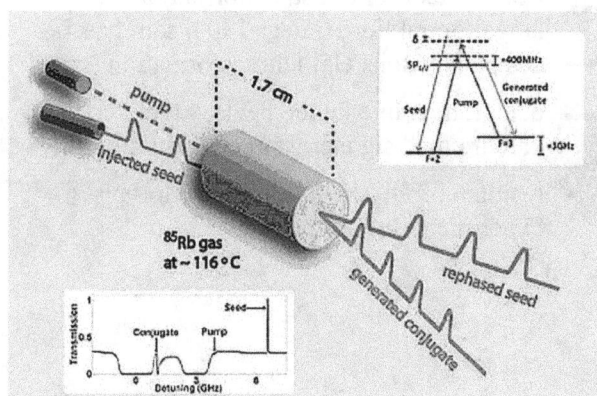

Schematic diagram of the fast light experiment in PML's Laser Cooling and Trapping Group. Inset at top right shows the rubidium energy levels relevant to the experiment. Inset at bottom left shows the relationship between frequency detuning and gain.
Laser Cooling and Trapping Group researcher Paul Lett and colleagues report in Physical Review Letters that this new method of generating "fast light" has resulted in a pulse that travels up to 50 ns faster over the length of a 1.7-cm cell than it would if it were moving through a vacuum.

Samma effekt kan nämligen tydligt studeras på vatten, när två vågrörelser från nästan samma riktning interfererar med varandra. Resulta-tet blir en vågrörelse med en hastighet som är högre än normalt, och som sprider sig över den andra vågrörelsen som har normal hastighet.

Precis som att flygplan kan flyga fortare än ljudet, och att båtar kan förflytta sig fortare än med en vågs utbredningshastighet genom vatten, så borde inte ljushastigheten vara en övre gräns för materia. Men det skulle naturligtvis krävas extra energi, som då också måste komma från den ev. farkost eller projektil, för att trycka sig genom den svallvåg av strängar, som byggs upp vid dessa hastigheter.

Emellertid, och baserat på denna boks beskrivning av hur de subatomära partiklarna samverkar med omgivande strängar, så skulle en atom antagligen slitas i bitar vid första antydan till nämnda svallvåg. Utanför de(t) stränghav som inhyser universum skulle det definitivt inte finnas hastighetsbegränsningar (och heller inte ljus). Det som, i detta kapitel, sägs om ljus gäller naturligtvis alla typer av det som har ansetts som strålning av s.k. fotoner. Under överskriften "Fotonens död" ges flera förklaringar till varför fotonen inte finns och varför den inte behöver finnas.

Sammanfattning.

Efter den skada, som Einstein tillfogade vår förståelse av världen, gick det tyvärr så långt, att tron på den s.k. etern (mörk materia) med sina strängar och strängkedjor inte längre var "rumsren". Skulden bör först läggas på Lorentz' fantasifulla förklaring till resultatet från ett experiment utfört av Michelson och Morley år 1887. Stokes och Plancks förklaring, som byggde på att materia drar med sig etern (strängar – strängkedjor), underkände Lorentz med matematik. Man kan emellertid inte underkänna en förklaring bara för att matematiken inte stämmer. Felaktiga antaganden kan ju leda till val av fel matematisk modell. (Men i motsatt fall, som t.ex. vid beräkningar på kollisioner av galaxer, kan man finna en förklaring till ett matematiskt resultat. I det fallet; mörk materias massa. Se "Rörelseenergi och strängkedjor" i Del 4.)

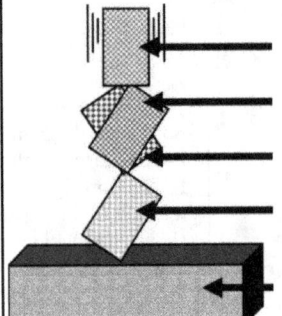

Figur Kaos, baserat på att man inte kunde bevisa en logisk förklaring till resultatet från Michelsons och Morleys experiment. Lorentz' tvivelaktiga teorier, bär det största ansvaret för detta fuskbygge.

Relativitetsteorierna, från år 1905 och 1916, baserades på

Lorentz teori om tidstransformation och längdkontraktion, från år 1904, som baserades på Newtons Galileitransformation

och att man inte kunde bevisa att materia kan dra med sig eter, som en förklaring till

resultatet från Michelsons och Morleys experiment, utfört år 1887.

Fotonens död.

Mot påståendet, att ljuset inte är en partikel i rörelse utan bara vågrörelser genom strängar, kommer antagligen följande argument att framföras: Om man slår ihop fyra väteatomer får man en heliumatom plus "fotonstrålning" (ljus). Och eftersom vikten av en heliumatom är lägre än vikten av fyra väteatomer, måste därför denna viktskillnad bero på att ljuset består av partiklar, s.k. fotoner.

Som redan beskrivet påverkas gravitationen av antalet stränghandtag i en atom. Studera figur 4 med tillhörande text. De inre elektronernas stränghandtag mot andra elektroner är avskärmade i heliumatomens kärna, vilket ger färre tillgängliga och lediga stränghandtag än för de fyra väteatomerna. Och det är detta som förklarar skillnaden i det vi uppfattar som vikt. Massorna borde vara identiska. Se mer om detta under "Rörelseenergi och strängkedjor" i Del 4.

Ljus som rundar stjärnor har visat att det böjs och får en något förändrad riktning. Förklaringen har varit att gravitationen är tillräckligt stor för att påverka fotonerna. Men förklaringen borde bygga på att ökad strängtäthet går *indirekt* hand i hand med ökad gravitation, eftersom strängtätheten borde vara märkbart större runt större anhopningar av atomer, och alltså inte p.g.a. själva gravitationen. Ju fler atomer, desto fler subatomära stränghandtag, som därmed ger större täthet av strängkedjor. Och alla vågrörelser, vid genomgång av medier med förändrad täthet, får sin riktning böjd mot ökad täthet.

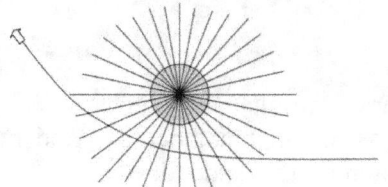

Figur 7. Visar ljus som går genom förändrad strängtäthet runt en stjärna.

De s.k. svarta hålen har ju ansetts som svarta, för att gravitationen skulle vara för stor för att fotonerna, som ansetts vara "ljusbärare", skulle kunna bryta sig lös. Men med vågrörelser genom strängkedjor som förklaring till ljuset; varför är då de svarta hålen osynliga? Ett svar kan vara att de aktiviteter som föregår i ett svart hål inte kan jämföras med det som sker i en stjärna. Dessutom skulle man kunna anta att strängkedjor på ytan till ett svart hål är så spända/sträckta, att vågrörelser genom dem får en för hög frekvens för att kunna registreras eller för att kunna förmedlas genom strängkedjor. Några områden runt ett svart hål skulle t.o.m. kunna sakna strängar temporärt p.g.a. gravitationen, så att varken våg- rörelser eller gravitation kan förmedlas via dessa. Men det ljus, som har observerats skimra runt något som skulle kunna vara svarta hål, skulle i så fall kunna ha sitt ursprung från tryckvågor av strängar som pressats ut. Se "Big Bang existerade aldrig" i början av boken.

Ytterligare spikar i fotonens kista.

Tack vare skygglapparna på flocken av dresserade överstepräster - som i kollektiv fruktan offrar sitt förnuft på Einsteins altare, på berörda lärosäten, arrogansens högborgar - är risken för att bli bränd på bål obefintlig, om man, i strid med officiell linje, hävdar att fotonen inte finns. Hundra år har till slut givit nämnda prästerskap en yta av trygghet i tron på fotonens existens.

Det är lätt att förstå, att den gamla grekiska tron på alltings bestående av de fyra elementen; jord, eld, luft och vatten, fick fotfäste. Det stämde ju utifrån det man kunde observera. Men i två tusen år fick man slita med bortförklaringar för att reparera sprickor i den teorin. Tron på existensen av fotonen följer samma mönster, och har tvingat fram nya teorier för att förklara det oförklarliga. Som t.ex. att en foton skulle kunna veta vad en annan foton kommer att göra. Det är ett exempel på mytbildning, som har kommit till för att lappa ihop en felaktig förståelse av verkligheten. År 2000 utförde Yoon-Ho Kim m.fl. ett experiment som håller liv i denna myt. Experimentet finns (2011) beskrivet på internet. Se: **http://en.wikipedia.org/wiki/Delayed_choice_quantum_eraser**

Beskrivna gåta i det experimentet får en mer logisk förklaring om man ser fenomenet som strängars vågrörelser med olika amplituder, där det naturligtvis blir samma amplitud på de två vågrörelserna som sänds samtidigt. Är amplituden inte tillräckligt stor klarar varken den nedre eller övre vågrörelsen att gå igenom linsen eller det halvreflekterande glaset. Se figur 8 med tillhörande text.

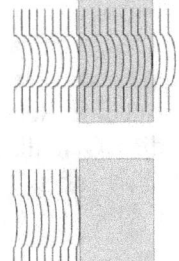

Figur 8. Visar två olika strängkedjors vågrörelser mot glas. Den nedre har för liten amplitud för att påverka strängkedjorna i materialet, och reflekteras.

Den övre vågrörelsen "slår" sig genom.

Det har också ansetts att förklaringen till fotonens vågrörelse skulle vara ett resultat av det egna kraftfältet. För att ett kraftfält skall genereras måste det emellertid finnas en omgivning också i rymden som den antagna fotonen kan interagera mot. Strängar? En hjulande foton i förhållande till en medföljande motvikt skulle kunna ge en vågrörelse. Men en foton med motvikt är också långsökt.

Det som uppfattas som en elektromagnetisk vågrörelse, genererat av fotonen, är i själva verket inget annat än resultatet från en vågrörelse genom strängkedjor. Strängkedjor, som rör sig, flyttar/släpper elektroner som de är fästade i. Och elektroner, som lossnar, genererar elektromagnetiska effekter via vågrörelser genom strängkedjor.

Vid ett dokumenterat försök där laserljus sändes genom en gas, som var nerkylt till en temperatur nära den absoluta nollpunkten, kunde man tydligt se att ljuset bromsades upp i nämnda gas. Atomer som är så nerkylda rör sig minimalt, och de i denna bok beskrivna strängkedjorna mellan elektroner, står därmed maximalt fixerade och har minimal interaktion mot externa strängkedjor. En vågrörelse genom dessa strängkedjor kan därför inte gå lika lätt som annars. Refererat experiment skulle därför kunna vara ytterligare en spik i fotonens kista.

Detta kan vara ett bra tillfälle att understryka skillnaden mellan ljusets och magnetismens utbredning. Ljuset kan sprida sig med vågrörelser genom separata strängar/strängkedjor, medan magnetiska fält utbreder sig genom sammankopplingar av strängkedjor, som redan förklarats under "Magnetism".

Det som skulle kunna tala för existensen av fotonen är att det är möjligt att polarisera ljuset. Man säger att man vid sådan polarisering släpper genom ett polaroidfilter t.ex. bara de fotoner som har en vertikal vågrörelse. Men man kan lika gärna säga att denna filtrering silar bort vågrörelser genom strängkedjor, så att bara vågrörelser genom t.ex. vertikala strängkedjor, d.v.s. den vertikala vågrörelsen, släpps fram. Ett materials ljuspolariserande egenskaper säger en del om uppbyggnaden av dess ytskikt, och man kan lätt anta att det innehåller likriktade strängkedjor i exempelvis en kristallin struktur, som bara kan vidarebefordra vågrörelser parallella med dem.

Vid undersökning av grundämnen i gasform kan man genomlysa dessa med ljus som innehåller alla färger, d.v.s. vanligt ljus. Den genomlysta gasen kommer då att vara ogenomtränglig för någon eller några av de i ljuset ingående våglängderna (färgerna). M.h.a. de därvid uppkomna **spektrallinjerna** (svarta streck), alltså ingen färg för vissa våglängder i spektrumet, kan gasen identifieras. Att grundämnen kan både absorbera vågrörelser med bara vissa frekvenser, och avge/reflektera andra, talar tydligt för att ljuset inte kan bestå av partiklar. **För rimligtvis kan *bara* vågor** (se figur 9a och 9b) **träffa elektronerna eller dess strängkedjor så pricksäkert**. Och varje strängkedja har naturligtvis en specifik resonansfrekvens, vilket förklarar de olika färgerna.

Ingen ytterligare spik borde behövas i fotonens kista. Vilka kommer att närvara på dess begravning? Det kommer knappast någon från Chalmers Tekniska Högskola, eftersom där tror man i.f.m. ett utfört experiment att det t.o.m. existerar virtuella (!) fotoner. Det kan *bara* betraktas som att man har försökt reparera en sprickande modell av verkligheten med en lapp. Se "Casimir-effekten" i Del 4.

Möjliga förklaringar till fenomen inom kvantfysiken.

I försöken att förstå vissa betéenden inom atomen har det under de senaste hundra åren utvecklats många teorier inom ett område som benämns kvantfysik. Det finns anledning till att tro att förklaringen till dessa betéenden ligger i det som redan här har beskrivits; nämligen det dynamiska förhållandet mellan de subatomära partiklarna och strängarna. Se figur 4, där sam- och växelverkan mellan proton, neutron, elektron och strängar beskrivs. I det exemplet används en heliumatom, den enklaste atomen med alla de nämnda ingredienserna.

Resultatet av den beskrivna sam- och växelverkan mellan elektroners och strängkedjors rörelseenergi, när elektroner lossnar eller fastnar, borde ge effekter som man med kvantfysikens teorier försöker förstå, som t.ex. elektroners placering och deras förändrade energitillstånd. En elektrons rörelseenergi måste bli **trappstegsvis variabel beroende på om den lossnar från en, två eller tre strängkedjor**. Se figur 9a och 9b. Därför skulle energin utlöst vid strängkedjors handtagsbyten mot de subatomära partiklarna kunna vara en, eller en multipel, av det som har definierats som en kvant, alltså en kvant för varje lossnad strängkedja. Och detta skulle kanske också kunna tillämpas på strängkedjornas ryck som utgör de gravitationsverkande krafterna.

P.g.a. alla rörelser i strängarnas hav är de subatomära partiklarna konstant utsatta för handtagsbyten mellan strängkedjor. Statistiskt sett är det därför normalt om en elektron, i denna process, i bland lossnar från en atom innan den hinner få ett nytt tag. Detta kända fenomen kallas **tunneleffekt**.

Kvantfysiken försöker också att komma tillrätta med oförklarligheter om fotonens betéende, men som redan nämnt, så kan fotonen inte vara annat än en vågrörelse genom kedjor av strängar. Dessa strängar i vågrörelse kan däremot i samverkan med de subatomära partiklarna ge effekter som av tradition har tillskrivits fotonerna.

Figur 9a. Visar vågrörelser genom strängkedjor som får en elektron till att lossna från en strängkedja. Samtidigt ser vi att vågrörelsen upphör.

Figur 9b. Visar en elektron vars förflyttning ger en vågrörelse, när den strängkedja som hållit den går av. Den genererade vågrörelsen kan vara synligt ljus.

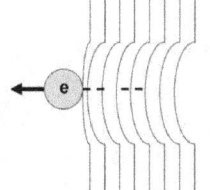
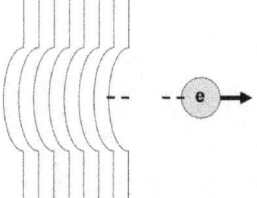

Del 3.

Sammanfattning och bevis.

Logik pekar alltså på följande:

Strängar är inte bara de subatomära partiklarnas byggmaterial. Strängarna utgör hela det "hav" som omger och penetrerar universum. Det är också en växelverkan mellan alla subatomära partiklar och dess omgivande strängar, som i sin tur står i direkt och indirekt kontakt med allt.

Strängarnas sammankopplande i kedjor, och deras sammankopplande mellan subatomära partiklar förklarar magnetism, gravitation, den svaga och starka kärnkraften, d.v.s. alla de krafter som beskrivs på fysikens mest grundläggande nivå. Strängarna förmedlar kraften gravitation, men är inte själva utsatta för dess komprimerande kraft. Strängtätheten ökar däremot med förekomsten av materia.

All strålning, inkl. ljus, som har ansetts vara baserade på de s.k. fotonerna, är vågrörelser genom havet av strängar, som universum befinner sig i och består av.

Beviset: Helium II.
Tyngdlöshet, supravätska, värmeledare, Cooper-par och supraledare.

Väl dokumenterade experiment, som uppvisar intressanta egenskaper för helium II, verkar bekräftande på denna boks logik. Helium II är helium med en temperatur nära den absoluta nollpunkten, i flytande form och som, åtminstone delvis, har visat sig innehålla He_2-molekyler, som har bara 13 sekunders livslängd. I ett experiment kan man se denna form av helium som en evig fontän, och i ett annat; hur dess ytspänning inte tycks vara hindrad av gravitation. Vätskan klättrar alltså obehindrat uppför ett kärls väggar, vilket skulle kunna förklaras av att molekylen He_2's elektroner bara har mellan fyra och ner till noll **lediga stränghandtag, som normalt kopplas mot externa gravitationsförmedlande strängkedjor**. He_2 har eventuellt upp till två dubbla strängkedjor mellan elektroner, som visas i figur 10, och därmed inget ledigt stränghandtag. Detta medverkar till att **gravitationen inte håller tillbaka vätskan**, när dess molekyler slår mot varandra och därför kan börja klättra.

Nedanstående två bilder är från experimenten. Se http://www.youtube.com/watch?v=2Z6UJbwxBZI

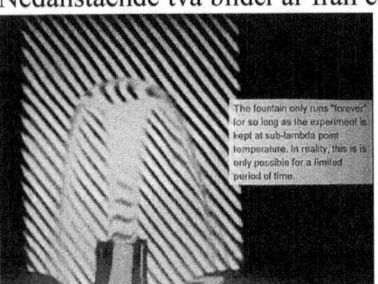 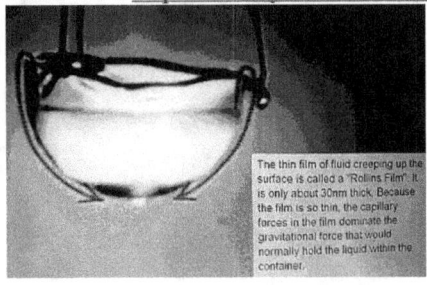

Att helium II beskrivs som en **supravätska**, alltså en vätska utan viskositet, borde kunna förklaras med nämnda totala avsaknad av lediga stränghandtag som annars utgör en sammanhållande koppling mellan molekylerna, d.v.s. Van der Waals-kraft. Det kan här vara av intresse att notera, att enligt denna bok är Van der Waals-kraft och gravitation två sidor av samma sak. Helium II's **överlägsna förmåga att leda värme**, 170 tusen gånger bättre än vatten, kan förklaras av att rörelseenergin inte bromsas av omgivande strängkedjor.

Nära den absoluta nollpunkten och upp till cirka 100 grader Kelvin har vissa grundämnen och molekyler inget eller ett ytterst litet elektriskt motstånd, en egenskap som betecknas som **supraledare**. Den gängse förklaringen bygger på att elektronerna bildar s.k. "**Cooper-par**". Denna bok gör gällande att Cooper-par är **två elektroner som är sammanbundna med mer än en strängkedja**. De har m.a.o. minst en *extra* strängkedja som kan förmedla förbipasserande elektroner, utan att binda dem till berörd atom/molekyl. Ett flöde av elektroner i en elektrisk ström kan därför flyta fritt utan motstånd i ett sådant material. Och eftersom förbipasserande elektroner inte fastnar i dessa atomer/molekyler, får vi heller inte den elektriska polariseringen i materialet som annars skulle generera en strömbromsande magnetism. Ju fler extra strängkedjor i materialet desto större ström kan passera utan motstånd. Denna boks förklaring av strängkedjor mellan elektroner borde vara ett viktigt bidrag till förståelsen av supraledare, och därmed underlätta framtagningen av molekyler som har elektroner sammankopplade med dubbla strängkedjor, också vid högre temperaturer än de för dagens supraledare. Som framgår av denna redogörelse borde därför helium II med sina, av boken konstaterade, dubbla strängkedjor vara en supraledare. Och mycket riktigt; helium II har visat sig vara en supraledare, i tillägg till att ha de övriga nämnda egenskaperna. (Supraledar-egenskapen är också beskriven under "Elektromagnetism och elektricitet" i Del 1.)

Figur 10. Visar en He_2-molekyl med två dubbelbindningar mellan elektroner, och därmed att den inte har något ledigt stränghandtag. Också i de fall molekylen skulle ha bara en eller ingen dubbelbindning, så har den ändå ovanligt få lediga stränghandtag.

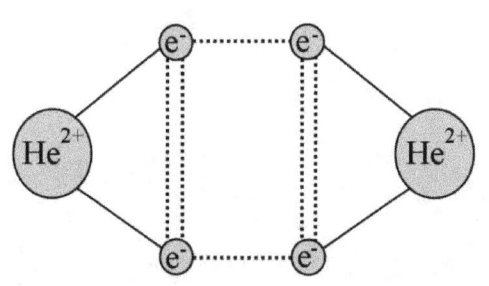

Viktigt!
1. Med utgångspunkt i denna boks beskrivning av strängkedjor mellan subatomära partiklar kunde det konstateras att en molekyl av 2 heliumatomer, om den fanns, skulle vara näst intill tyngdlös.

2. Beskrivningar av helium II återfanns **därefter** på internet. Se följande internet-sida (tillgänglig år 2014):
http://www.youtube.com/watch?v=2Z6UJbwxBZI
Observera uttrycket i filmen **"it appears to defy gravity"**!

3. Internet-sidan bevisar att **bokens teorier är riktiga**!

Strängkedjor som en konkret realitet bevisas av den groda som låg på dessa, som i en hängmatta, i ett mycket starkt magnetfält. Detta beskrevs i Del 1, under """Magnetisk" repulsion existerar inte."

Jakten på gravitationsavvisaren fortsätter.

Under "Otronplattan; Stränghandtag och korsande magnetfält" i Del 1, har redan några slutsatser sammanfattats. Kunskapen om att det är strängkedjor, som förmedlar gravitationen, ger oss stora möjligheter. Och med det i åtanke borde Helium II kunna användas till att isolera ett objekt som man önskar göra tyngdlöst, eftersom Helium II inte förmedlar strängkedjor. Men för att få till detta måste först tekniken, att lagra ett stabilt Helium II, utvecklas.

Man skulle också kunna försöka med strålning, med olika frekvenser, ev. polariserade för en viss vinkel, i försök till att få de gravitationsförmedlande strängkedjorna till att brytas av eller förhindras till att fästa sig till de subatomära partiklarna i det föremål som man önskar göra tyngdlöst.

Del 4.

Några tillämpningar av bokens slutsatser.

Rörelseenergi och strängkedjor.

"Ljusets konstanta hastighet och Einstein", i Del 2, bör ha lästs innan detta tema genomgås. Formeln för rörelseenergi i den s.k. klassiska mekaniken är "E = M * H²". Den säger alltså att ett objekts rörelseenergi ökar med kvadraten på hastigheten, och utvecklades för cirka 300 år sedan av bl.a. Leibniz. Den förklaring som brukar anges till att rörelseenergin ökar med kvadraten på hastigheten är följande: När man ökar hastigheten på ett objekt, så ökar man rörelseenergin på det som redan uppnåtts vid en hastighet, vilket kan beskrivas som: (M * H) * H = M * H * H = M * H². Senare i historien lades faktorn "0,5" till, och det blev då: E = 0,5(M * H²), d.v.s. **E = 0,5 * M * H²**.

Man kan också, med en enkel test, lätt konstatera att rörelseenergin i en bil inte står i ett linjärt förhållande till hastigheten. Det gör man genom att låta bilen rulla med motorn urkopplad på flat väg och se hur mycket längre den rullar när hastigheten sjunker från en högre hastighet än från en lägre hastighet. Kör t.ex. i 90 km/t och låt den rulla tills 80 km/t uppnås. Jämför längden på den sträcka, som den rullar, med t.ex. hur långt den rullar från 30 km/t till 20 km/t. Trots det mycket större luftmotståndet så rullar den alltså längre vid högre hastigheter.

Att ett objekt därmed måste lagra mer energi vid en hastighetshöjning från exempelvis 80 till 90 Km/t än från exempelvis 20 till 30 km/t är ett intressant faktum som alltså Leibniz upptäckte. Och formeln, beskriven ovanför, baserade sig på praktiska försök. **En tolkning av resultat från sådana tester kan vara att objekt tillägnar sig mer massa varje gång dess hastighet ökar**, och att kvadraten på hastigheten speglar denna massökning. För att förstå skillnaden mellan massa och vikt, så är ett objekts massa och vikt definierat till att vara lika vid jordens yta, när objektets relativa hastighet i förhållande till denna är noll. Att vikten inte förändras, kan lätt verifieras genom att väga ett objekt vid olika hastigheter. Vikten är emellertid föränderlig beroende på gravitationens storlek.

En massökning med kvadraten på hastigheten innebär att ju högre ett objekts hastighet är, desto tyngre är det att öka den, även utan luftmotstånd och friktion. "Är en kropps tröghet beroende på dess energiinnehåll? ", var en frågeställning med utredning som Einstein publicerade strax efter "Den speciella relativitetsteorin". I den utredningen kom han fram till ett samband mellan energin (L) på de partiklar som strålar ut med ljusets hastighet (C) och den massa (M) som avgetts. Formeln blev; **"M = L / C²"**. "L" i formeln anses stå för "Lorentz", vars arbeten Einstein hade baserat sina idéer på. Formeln skrevs därefter om till den mer berömda; **"E = M * C²"**. Om inte för att "E" råkade vara hans egen initial, så kan man misstänka att Einstein redan från början hade sneglat på den bekanta; "E = 0,5 * M * H²".

Att tolka nämnda formel som att energi kan omvandlas till massa, har troligtvis aldrig varit avsikten. Samtidigt måste man inse att de partiklar som massan avger inte heller försvinner. Formeln kan däremot ses som ett uttryck för den s.k. viloenergin för materia, den energi som behövs för att sända iväg subatomära partiklar, alltså att den representerar *trögheten* (E / C^2) för massan (M). Och formuleringen "E = M * C²" visar energin, i exempelvis antal joule, som produceras vid förlusten av massan (M).

Man kan också tolka formeln som; att om massan ökar, så ökar också energin. Hastigheten (ljusets) är ju satt som en konstant. Vid beräkningar inom partikelfysiken har man antagit att utstrålad massa utgörs av de s.k. fotonerna. Men den viktminskning som kan registreras förklaras i sista stycket under figur 4 i Del 1. **Rörelseenergi från beskrivna aktiviteter på atomär och subatomär nivå förmedlas** av vågrörelser, som exempelvis gammastrålning, genom omgivande "stränghav". Avslutningsvis kan det också sägas mot fotonens rätt till existens att; En fotons massa antas vara noll vid stillastående, och bara existera när den rör sig, vilket ju är ett erkännande till att den bara är en vågrörelse. Också vågen på vattnet existerar *bara* när den rör sig. Och *bara* en våg har en, per medium, konstant hastighet.

Vi går nu tillbaka till exemplet med bilen, angående tröghet. Den förklaring som har marknadsförts, och som nämndes inledningsvis, har varit att det är den redan upparbetade rörelseenergin som skall ges ytterligare energi. Men tyvärr är det både ologiskt och svårsmält att rörelseenergin för ett objekt inte står i ett linjärt förhållande till hastigheten, för **hastigheten är odiskutabelt alltid relativ**. Därför bör man lyfta blicken och tänka i andra och mer radikala banor. Låt oss påstå att objektets massa inte ökar, men att det tillkommer en osynlig massa, också vid lägre hastigheter. Påståendet blir då:

Ju högre hastighet en kropp förflyttar sig med, desto fler strängar/strängkedjor fastnar i den. Detta ger ingen viktökning, men en massökning. Och strängar, alltings byggstenar, är upphovet till all massa.

Påståendet skulle kunna finna stöd i det fenomen som har observerats vid studier av kolliderande galaxer. En av konklusionerna från dessa studier har varit att mörk materia (strängar) följer med som extra massa. Se figur 11a och 11b. Rörelseenergin involverar alltså s.k. mörk materia, och är av den anledningen inte linjär när man räknar med förhållandet mellan materien *enbart* och dess hastighet. Strängkedjor har sin omgivnings hastighet, eftersom de är fästade till den. Ett objekt som ökar sin hastighet tar med sig strängar och strängkedjor som därmed slits loss från sin ursprungliga omgivning. De strängar, som trycks fast i objektets atomer, bidrar därefter med sin massa till en del av rörelseenergin. Ju högre hastighet, desto fler strängar fastnar och kan hållas fast. Och som tidigare nämnt antog Jean Fresnel redan år 1818 att vi inte bara är omgivna av "eter" (mörk materia), utan att denna också genomsyrar materien. Det förekom därför även antaganden om att materia som förflyttas drar med sig eter. Denna bok gör gällande att så är fallet, nämligen att etern (strängar och strängkedjor) både penetrerar och dras med av materia.

Att ovanstående påståenden är en korrekt beskrivning av verkligheten, bevisas av att det inte är tyngre att röra sig mot gravitationen på den sida av jorden som för tillfället är vänd i jordens rörelseriktning runt solen.

Om man, baserat på ovanstående, utgår från:
1. Att objekt (den "synliga" massan, som kan vägas) ökar sin rörelseenergi linjärt med hastigheten.
2. Och att anhopningen av den mörka materien (strängarna och strängkedjorna) ökar som en funktion av objektets vikt och dess hastighet.

Då kan man, med mer internationellt gångbara symboler, skriva följande formel för rörelseenergi;
$E = M * V + M_D * V$
där E = rörelseenergi, M = synlig massa, V = hastighet, M_D = anhopad mörk materia (Matter Dark). Denna formel skall då vara lika med $E = 0,5 * M * H^2$. Alltså $M * V + M_D * V = 0,5 * M * H^2$.

Genom det sambandet kan massan av den anhopade mörka materien, beräknas till:
$M_D = (0,5 * M * V) - M$. Insatt i den "nya" formeln blir den: $E = M * V + ((0,5 * M * V) - M) * V$.

Om vi testar formeln för ett 10 kg tungt objekt i 10 m/s får vi följande:
10 * 10 + ((0,5 * 10 * 10) – 10) * 10 = E → 100 + ((0,5 * 100) – 10) * 10 = E →
→ 100 + (50 – 10) * 10 = E → 100 + 40 * 10 = E → 100 + 400 = E → E = 500

Formeln kan förenklas till den gamla formeln för rörelseenergi och ger därför samma resultat som den, men **vi kan nu också beräkna mängden på den mörka materien, som följer varje objekt vid en given hastighet**. T.ex. är mängden mörk materia 40 kg för ett 10 kilo tungt objekt vid 10 m/s, och 240 kg för samma objekt vid 50 m/s. Men eftersom denna formel visar att den mörka materians rörelseenergi blir negativ, när hastigheten är mindre än 2, så måste konstanten "0,5" ersättas med en variabel som succesivt förändras från "0,5" till "1" när hastigheten förändras från "2" till "0". Detta skulle också kunna vara beskrivande för hur materias interaktion med mörk materia förändras när hastigheten närmar sig 0.

En omformulering av formeln, (Einsteins) "$E = M * C^2$", för att den skall ta hänsyn till mörk materia vore meningslöst, då den bara beskriver energin för en vågrörelse med konstant hastighet genom mörk materia. Anledningen till att Einstein fick en chans var, som nämnt, att slagfältet låg öppet efter diskussionerna om en förklaring till Michelsons och Morleys experiment. Och det slutade ju med att man valde bort möjligheten till att mörk materia skulle kunna dras med av (synlig) materia. Men formeln; "$E = M * V + ((05 * M * V) – M) * V$" och därmed bl.a. förklaringen till varför det inte är tyngre att röra sig mot gravitationen i jordens rörelseriktning runt solen, visar att mörk materia binder sig till materia. Alltså att Stokes och Planck antagligen hade rätt, och att Lorentz' teorier, som Einstein vidareutvecklade i sina relativitetsteorier, står på osäker grund. Se också figur 6b i Del 1.

Figur 11a.
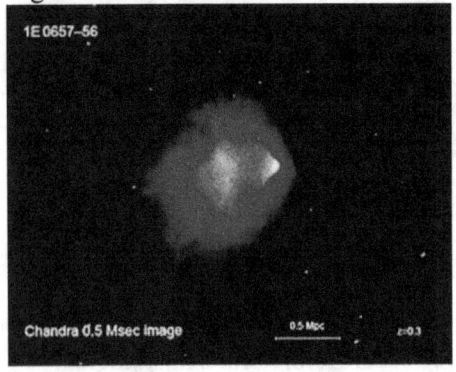

Figur 11b.
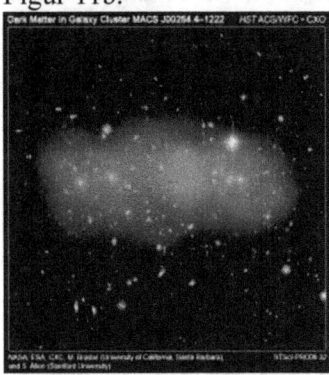

Till vänster (figur 11a); ett foto av Bullet Cluster, taget av Chandra X-ray Observatory.
Till höger (figur 11b); visas en bild av MAC J0025. Den bilden är en sammanslagning av ett foto taget av Hubble-teleskopet och data från Chandras ACIS detektor. Enligt "Space Telescope Science Institute" visar bilden att en gigantisk kollision har separerat mörk materia från vanlig materia, och att detta utgör en oberoende bekräftelse på att det är en liknande effekt som också har detekterats på Bullet Cluster (figur 11a). Den detekterade mörka materien har färgats blå på bilderna.

Figur 11c.
Lyckligtvis är mörk materia inte så mörk.

Om man skulle lyckas med att "klippa av" de gravitationsförmedlande strängkedjorna mellan olika atomers elektroner, så skulle detta minska eller helt eliminera infångningen av den mörka materien. Det skulle också förklara observationer av s.k. UFO's imponerande accelerationer, eftersom MD * V i beskrivna formeln då utgår, och vi får: **$E = M * V$**. Varje hastighetsökning skall alltså inte bli mer energikrävande.

Jakten på tyngdlösheten, Rolf Sjöström.

Neutrinon; Finns den?

Officiellt heter det; att när en positron lämnar en kvark, avges samtidigt något som har registrerats och givits benämningen neutrino, en partikel som kan korsa universum och gå genom berg. *Men om vi accepterar att vi befinner oss i ett hav av strängar, så borde det vara svårt att acceptera att partiklar, som neutrinon och fotonen, skulle kunna plöja sig genom nämnda hav utan att bromsas upp.* Som redan förklarat, och som denna bok gör gällande, är den s.k. fotonen bara en vågrörelse med resonans i den typ av strängkedjor som kan binda elektroner till varandra. På samma vis skulle den s.k. neutrinon kunna vara bara en vågrörelse genom den typ av strängkedjor, positroner (se nedanför), som binder elektroner till protoner. Denna vågrörelse, skulle då uppstå när en sådan strängkedja lossnar från en proton, och därmed vara en vågrörelse som harmoniserar med andra positroner. Angående möjligheten till vågrörelser på (nästan) denna nivå, så är det faktiskt de små atomerna som förmedlar vågrörelserna genom hela jorden efter exempelvis en seismisk aktivitet.

Och vad är en positron?

Är det en "konventionell" partikel, eller bara strängkedjan mellan en proton och en elektron? Var går gränsen mellan en liten boll av strängar, alltså en partikel, och en kedja av strängar?
Om en positron skulle ingå i s.k. antimateria, skulle den då vara kopplad mot den elektron som sitter i en neutron? Och om en nukleons kvarkar är i ständig rörelse och en positrons låsning av dem är starkare än elektronens, så skulle det i stället resultera i en väteatom när den frigjorda elektronen fångas upp. Det är en förklaring till ett kort liv för eventuell antimateria. **En av denna boks teorier är att en neutron inte innehåller en positron. Detta förefaller logisk, men kan vara fel.** Att en neutron kan avge en elektron och bli en proton skulle kunna förklaras av att en positron kan slå ut elektronen.

Figur 12.

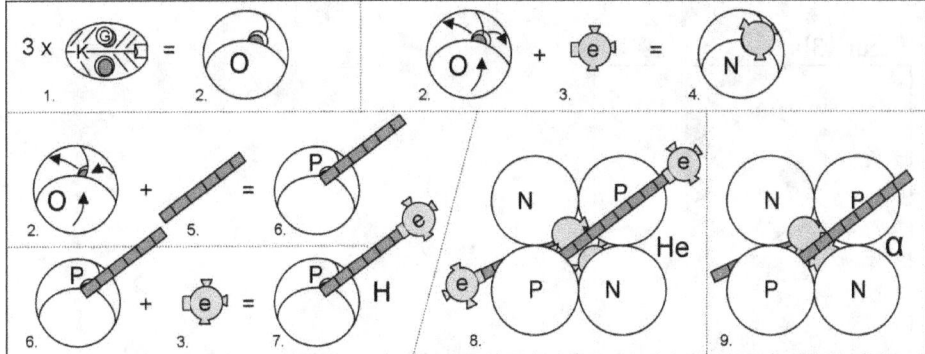

Bilden visar hur atomens viktigaste beståndsdelar skulle kunna förhålla sig till varandra. Tre kvarkar (K) med tillhörande gluoner (G) bildar tillsammans (1) den "gäckande" otronen (2), den nukleon som både neutronen och protonen baserar sig på. Tillsammans med en elektron (3) bildar otronen en neutron (4). Om otronen i stället binder sig mot en strängkedja (5), som kan koppla sig mot en elektron, så blir otronen en proton (6). Logiskt sett så borde därför nämnda strängkedja (5) vara positronen. Beroende på hur kvarkarna är vända, så passar de antingen (med en upp och två ner) en elektron, eller så passar de (med två upp och en ner) en positron. Otronens koppling varierar därför beroende på vad den kopplas till. Om otronen kan existera separat, borde den kunna vara en s.k. **"WIMP"**. Se "Parallella världar" i Del 5. Protonen (6) blir tillsammans med en elektron (3) en väteatom (7). Fyra väteatomer blir, som bekant, 1 heliumatom (8), som har nukleonerna knutna till varandra m.h.a. 2 "inre" elektroner. Vid den fusionen försvinner alltså 2 positroner. Detta måste innebära att 2 kvarkar har vänts. Se också ovanför om neutrinon. Är neutrinon en frigjord positron eller är det vågor efter positronen genom strängarnas hav? Alfapartikeln (9) ingår i många atomkärnor. Om en lös alfapartikel infångar 2 elektroner blir den, som framgår av figuren, en heliumatom.

Jakten på tyngdlösheten, Rolf Sjöström.

Casimir-effekten.

År 1948 kunde holländaren Hendrik Casimir och hans landsman Dirk Polder, i.f.m. studier av Van der Waals-kraften, konstatera att det existerar en kraft mellan två plattor i vakuum. Kraften är antingen attraherande eller repellerande. Kraften är mätbar och kraftig ökande vid minskat avstånd. Till exempel antas den, vid attraktion, vara ungefär 1 kg/cm2, när avståndet har minskat till en hundratusendel av en millimeter. Användningen av vakuum i experimentet garanterade att omgivande lufttryck inte skulle påverka registreringen av denna kraft, som har fått namnet Casimir-effekten.

År 2011 lyckades forskare på Chalmers påvisa de partiklar, virtuella (!) fotoner, som man ansåg vara förklaringen till Casimir-effekten. De "fotoner" man producerade, m.h.a. magnetfält, som med hög frekvens växlade riktning, ansåg man vara skapade från nämnda virtuella fotoner. Fotoner anses annars uppstå när elektroner byter skal i en atom, men i vakuum finns det ju inga atomer. Och det var anledningen till att man trodde att virtuella fotoner skulle stå för kraften i Casimir-effekten, hur nu det skulle vara tänkt att fungera. Denna bok har emellertid "tagit död på" fotonerna, och påhittet om virtuella fotoner när logiken inte kan användas, visar bara att ju längre man kommer från sanningen desto mer långsökt blir förklaringen.

Som redan tydligt påvisat och förklarat är allt, som har uppfattats som fotoner, inget annat än vågrörelser genom strängkedjor i det strängarnas hav som vi befinner oss i. Och att man med magnetfält har lyckats få till nämnda vågrörelser, faller sig naturligt för den som har läst denna bok. När det finns anledning till att tro på existensen av virtuella partiklar, så bör man kanske hellre se dessa som s.k. supersymmetriska partiklar, som skulle kunna vara uppbyggda av andra strängar, och/eller andra kombinationer av strängar, än de partiklar som vår värld är uppbyggd av. Se mer om detta under "Parallella världar" i Del 5.

Figur 13a. Figur 13b.

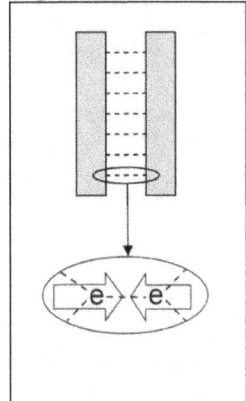 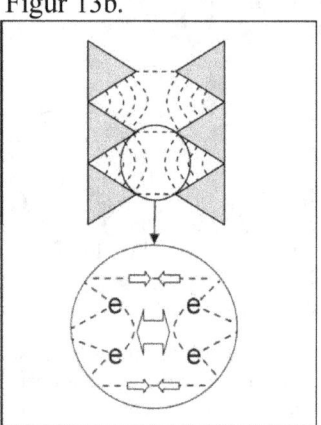

Ovanstående figurer illustrerar Casimir-effekten, och baseras på de i boken beskrivna stränghandtag mellan elektroner. Se figur 5, angående elektronens stränghandtag (e = elektron). Figur 13a visar att attraktionskraften mellan två objekt borde vara identisk med Van der Waals-kraft, som den är beskriven i boken. Figur 13b visar att repulsionskraften, när den existerar mellan två objekt med en speciell utformning eller positionering, borde vara identisk med den kraft som beskrivs som magnetisk repulsion i boken. Det borde, som illustrerat, också här finnas en attraktion, men den är då svagare än repulsionskraften. Båda krafterna är antagligen närvarande också när det är attraktionskraften som registreras.

Del 5.

Universum – strängarnas hav och filosofi.

Parallella världar.

Kan det finnas andra klasser med grundämnen som är uppbyggda av andra byggstenar (dvs. strängar) än "våra" atomer. Tankeexperimentet görs för att visa läsaren att det borde kunna finnas något bakom det vi kan se och ta på. Begrepp som supersymmetri, mörk materia och WIMPs är ju framtagna efter erkända experiment från etablerade institutioner.

Atomen fick sitt namn i antikens Grekland. Då ansågs den som materiens minsta byggsten och därför odelbar. ("Odelbar" på grekiska = "atomos"). Som framgått av boken har emellertid atomen under de senaste drygt hundra åren "fått öppna sig" och ge ifrån sig sina innersta hemligheter. Steg för steg har mindre beståndsdelar upptäckts. Boken har gått ett steg längre, och kommit ner på strängnivå. Men att subatomära partiklar skulle kunna bestå av något som har fått benämningen strängar är inte helt nytt. Det har också hävdats att det skulle vara relativt stora avstånd mellan strängarna i t.ex. en proton. Därför är det förståeligt att någon kan förledas till att tro att universum skulle ha kunnat pressas ihop till en sorts ur-atom som ett förstadium till den s.k. "Big Bang". Men som har framgått i boken, så är alla våra subatomära partiklar uppbyggda av strängar utan inbördes avstånd och eventuella tillhörande "mystiska" kraftfält.

En komplett atom måste logiskt sett bestå av ett begränsat antal typer av strängar. En eller flera typer strängar, eller kombinationer av dem, bildar elektroner, andra bildar protoner, neutroner, osv. Vi kan referera till dessa strängar som "klass 1" strängar. (Antalet strängar i denna klass måste vara fler än ett, för att det inte skall bli bara en typ av subatomär partikel.) Man bör undvika benämningen "grupp", då detta ord är intimt förknippat med kemins gruppindelning av atomer i det s.k. periodiska systemet.

Existensen av olika typer strängar kan innebära att strängarna inte är de minsta byggklossarna! Men det är en annan historia, som inte bör vidareutvecklas här.

Med största sannolikhet finns det också strängar utanför "klass 1", eftersom det vore osannolikt om "våra" atomer, för sin uppbyggnad, skulle ha behov för alla typer av strängar i universum. Strängarna utanför klass 1 borde inte reagera på någon av strängarna som bygger upp vår värld. Gjorde de det skulle vi ju placera dem i nämnda klass 1. Logiken tar oss vidare till att anta att det är stor sannolikhet för att dessa strängar utanför klass 1 skulle kunna bilda egna konstellationer (atomer eller liknande), alltså att klass 2 strängar, klass 3 strängar, m.fl. kanske bildar sina egna världar. Också den etablerade teorin om **supersymmetrin** hävdar att våra subatomära partiklar har motsvarigheter inom andra dimensioner.

En eventuellt existerande atom uppbyggd med klass 2 strängar borde därmed kunna gå rakt igenom en av våra (klass 1) atomer, eftersom strängarna i de olika klasserna (enligt definitionen) inte reagerar på varandra. Vi skulle m.a.o. kunna ha en parallell värld mitt i bland oss. Huruvida en sådan värld har utvecklat "biologiskt" liv är en annan fråga. Om inte i klass 2, så kanske i någon annan eller andra klasser. En eventuell varelse från en sådan värld skulle, som en konsekvens av ovanstående förklaring, kunna vandra genom våra husväggar, eller kunna utsättas för en exploderande atombomb utan att märka något, och kanske i tillägg också fundera på dessa frågor.

Än så länge går det emellertid inte att med fysiska experiment bevisa existensen av strängar som tillhör andra klasser än de som ingår i "våra" atomer, då våra verktyg/instrument är uppbyggda av våra atomer och därför inte kan registrera något som är uppbyggt av strängar tillhörande andra klasser. Men boken har emellertid förklarat hur våra subatomära partiklar i detta strängarnas hav, via stränghandtag, samverkar med varandra via kedjor av strängar, strängkedjor som skulle kunna brytas av partiklar eller strängkedjor tillhörande parallella världar. Det borde också vara möjligt för dessa "spökpartiklar" att direkt träffa eller vara i vägen för våra partiklar. I dessa fall skulle spökpartiklarna därför kunna registreras indirekt via "våra" partiklar.

Eftersom ljus/radiovågor, som denna bok gör gällande, är vågrörelser genom strängar-strängkedjor, och inte är s.k. fotoner, så blir detta intressant. En ev. spökpartikel eller föremål tillhörande en parallell värld skulle därför, bara genom sin fysiska närvaro, kunna störa nämnda vågrörelser utan att själv observeras. För att observeras (direkt) måste nämnda föremål själva skapa vågor, som exempelvis "våra" elektroner gör, när de byter skal. Det är emellertid inte säkert att vågrörelser från en parallell värld kan harmonisera med och påverka "våra" strängar-strängkedjor.

Sammanfattningsvis: Om antagandet om att atomer är uppbyggda av strängar är riktigt, så är det lika riktigt, logiskt och naturligt att anta att det också finns strängar som <u>inte</u> ingår i *vår världs* atomer.

Spekulationer i.f.m. ovanstående överlämnas till läsaren. Många s.k. övernaturliga händelser skulle ju kunna finna sin förklaring i en parallell värld.

Det ju också konstaterats att universum är fyllt av något som har fått beteckningen **"mörk materia"** och **"mörk energi"**. (Beteckningen "mörk" används för att indikera att den är osynlig.). Mörk materia är det som refereras till som "strängar" i denna bok, och mörk energi borde därmed vara strängarnas rörelser.

Det har anförts mot denna bok att strängars existens inte är bevisad. Men astronomer som har studerat data från kolliderande galaxer anser att mörk materia (strängar) är förklaringen till några av de gjorda observationerna. Se figur 11a och 11b med tillhörande text i Del 4. Forskningen under senare år har också försökt bevisa existensen av **WIMP**s (Weakly Interacting Massive Particles). Dessa partiklar skulle kunna vara dem, som har beskrivits här. Se också figur 12 i Del 4.

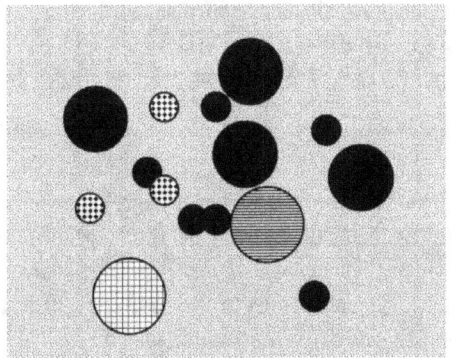

Figur 14. Visar sammanklumpningar av strängar, som t.ex. atomer tillhörande "vår värld", flytande inuti strängarnas hav.

Big Bang kan aldrig ha hänt.

Varför tror så många på "Big Bang", och inte på "Steady State"? Kan det vara så att man har ersatt sunt förnuft med en blind tro på dem som anses vara experter på området? På medeltiden trodde "experterna" att vi befinner oss i universums centrum. Och det tror de fortfarande. Denna gång genom att säga att vi har samma avstånd i alla riktningar till universums utkant. Alltså att vi råkar vara precis på platsen för Big Bang. Människans intelligens må vara god, men vad hjälper det när inte omdömet har förbättrats. Se "Intelligens – Kunskap.." i slutet av boken.

Två teorier.

Det har funnits två konkurrerande teorier om universum. Den äldre teorin hävdar, precis som namnet "**Steady State**" antyder, att universum befinner sig i jämvikt. Teorin förklarar universums antagna konstanta densitet - trots universums expansion - med att väte uppstår ur "tomma intet". Denna teori sammanfaller med innehållet i denna bok. Den nyare och mest kända teorin, som har kallats "**Big Bang**", hävdar att all materia i universum härrör från en och samma exploderad "ur-atom". Big Bang-anhängarna använder, i tillägg till universums expansion, den kosmiska bakgrundsstrålningen som sitt argument. De antar att den strålningen skulle komma från den första tiden efter explosionen. Och eftersom denna strålning har uppmätts vara lika stor från alla håll, så befinner vi oss "som vanligt" i centrum av universum! Också det faktum att alla omgivande galaxer har en rödaktig färg, har förklarats med att de är på väg från oss efter en stor kosmisk explosion. Men eftersom denna bok har visat och hävdar att ljuset är vågrörelser genom mörk materia, så kan man fundera på om tätheten av mörk materia kan vara högre i centrum av galaxerna än mellan dem. Det borde innebära att ljus därifrån får längre våglängder vid övergången till ett tunnare medium, och att det inte har återgått till orginalet när det träffar oss i utkanten av vår galax. Andra förklaringar skulle kunna bygga på flöden av mörk materia eller att mängden mörk materia, som ljuset passerar, filtrerar bort kortare våglängder.

Strängars brus.

Som denna bok har visat, så är den strålningen inget annat än bruset från strängar-strängkedjor som fyller universum, ungefär som svävande damm, synligt i ett solbelyst rum. Här och där fastnar de i varandra och bildar "dammtussar", eller som i detta fall; subatomära partiklar, som därefter bildar väteatomer. Se i inledningen av boken, "Ett sammandrag..". Bruset från denna aktivitet, som sker i en oändligt stor skala, alltså överallt, borde ge upphov till en strålning. Att forskare utformar allt fler detaljer på sin Big Bang-modell, baserade på små variationer i denna strålning, gör inte saken bättre, utan bör ses som ett publikfrieri. Risken för populism kan nämligen inte uteslutas i forskarnas jakt på medel för överlevnad. Och det tycks ju vara så att folk väljer att tro på det som är mest fascinerande.

Materia i mörk materia.

Universum är alltså, och som boken redan har beskrivit, ett "hav" av strängar. Det är oändligt stort, och oändligt djupt. Så har det varit i evig tid, och dess oändlighet kan fylla en betraktare med känslor av religiös natur. Och i det havet befinner vi oss. Ett hav som, enligt definitionen på det oändligt stora universum, inte har en utsida och därför aldrig kan betraktas utifrån. **Detta hav av mörk materia har "öar", där den mörka materiens strängar har bildat atomer, som sedan via stora skyar har bildat stjärnor, galaxer och t.o.m. svarta hål.**

Svarta hål och deras dynamik.

Svarta hål innebär en ständig död och pånyttfödelse för delar av universum. De kan existera i centrum av galaxer som relativt stabila svarta hål, med stjärnor som rör sig runt dem, på samma sätt som planeter rör sig runt en stjärna. Men det är inte nödvändigt med ett tyngre "nav" för att hålla stjärnor samman. Tvillingstjärnor är ett exempel på det. Beroende på närhet och rörelseriktning, bidrar materia med "mat" till ett svart hål. Det är inte förrän hålet har dragit till sig så mycket materia, att gravitationen krossar atomer till strängar, som det blir svart. **Och ett svart hål är svart, eftersom krossade atomer inte kan ge upphov till fotoelektriska, kemiska eller nukleära processer.** Strängar utan anknytning till atomer känner inte av någon gravitation och pressas ut. Detta borde kunna förklara fenomenet **kvasarer**, och troligtvis också de s.k. **gammablixtarna**. Se figur 15. Dessa gör tron på existensen av fotoner ännu mindre trovärdig. Som de traditionellt har beskrivits skulle de ju aldrig kunna lämna gravitationsfältet runt ett svart hål. Men strålning/ljus är, som redan beskrivet, inte partiklar, utan förmedlas som vågor genom mörk materia, d.v.s. det hav av universums strängar som omger och penetrerar all materia. Minskat antal atomer och subatomära partiklar, i.f.m. att de kläms sönder, gör att gravitationen i det svarta hålet minskar. Det borde leda till ett mindre intensivt utpressande av strängar och att storleken bevaras på en nivå för jämvikt. Om två svarta hål skulle kollidera, så kommer de sammanslagna svarta hålen därför att krympa till denna storlek. Utan denna storleksbegränsning skulle hela vårt universum *redan* vara bara ett enda svart hål. Överallt skapas subatomära partiklar av spontant sammanslagna strängar. I en evig process dras dessa partiklar som är i närheten av ett svart hål direkt in i det, avger ljusglimtar när de krossas och blir strängar igen. Jämför med "Hawkingstrålning". **Svarta hål kan, som här förklarat, inte ha varit ytterligare komprimerade för att ha kunnat ingå i den s.k. ur-atomen, tillsammans med alla galaxer.**

Gamla teorier.

Som ovanför beskrivet så finns alltså de svarta hålen av en logisk anledning. Att svarta hål pressar ut strängar, skulle tillfälligtvis kunna vara förenligt med Einsteins antagande i hans "Allmänna relativitetsteori". Ett antagande som har givit upphov till spekulationer, av övertroisk karaktär, om **"vita hål"** som via en magisk kanal, ett s.k. **"maskhål"**, skulle stå i förbindelse med svarta hål, och som i motsats till dessa skulle *ge* ifrån sig materia. Nämnda maskhål har varit föremål för folks fascination och hopp om att dessa också skulle kunna vara en kanal för resor genom tiden. Tron på detta och tron på att det skulle vara möjligt att över huvud taget kunna påverka tidens gång, genom att förflytta sig med höga hastigheter, baserar sig på att relativitetsteorierna inkluderar Lorentz' felaktiga tolkning av ett experiment utfört år 1887, beskrivet i Del 2, under "Ljusets konstanta hastighet och Einstein". Lorentz' faktor omhandlas i Appendix.

Nobelpriset 2020.

Resultatet från de matematiska utflykterna i nämnda teori, pekade felaktigt på att ett svart hål skulle vara något oändligt litet med oändlig massa. Detta var något som inte ens Einstein själv trodde på, då begreppet "oändligt" inte är fysiskt möjligt. Men år 1965 lyckades Roger Penrose, med **egen matematik**, visa att det måste finnas svarta hål. Och år 2019 lyckades en astronom visa hur stjärnor, i centrum av vår egen galax, rör sig runt något osynligt, kanske ett svart hål. En annan astronom kunde samma år, m.h.a. sina medarbetare och ett globalt nätverk av radioteleskop, fotografera konturerna till ett svart hål i galaxen Messier 87. Alla tre fick det följande året dela på ett nobelpris för sina insatser. **Roger Penrose anser i likhet med denna bok, att det aldrig har varit någon "Big Bang".**

Universums dynamik - frågeställningar.

Man kan lätt inse att ett universum i balans, måste ha materiens "motpoler"; svarta hål. Spontana sammanslagningar av strängar ger materia, och svarta hål återbildar strängar. Nämnda relativitetsteori beskriver också det "krökta rummet" och säger med den att universum är format som en oändlig "∞", utan något utanför. Hur bra stämmer denna form med Big Bang-fantasierna? Och att döma av den senaste tre-dimensionella modellen av universum, baserad på intensiv kartläggning, så ser den heller inte ut att ha den formen. Emellertid har denna bok redan förkastat Lorentz´ faktor, och därmed denna teori. Men universums definition på att vara allt, utan något "utanför", kvarstår. Och i den definitionen ingår att energin-massan inte kan gå förlorad, utan den skall vara konstant. Universum är alltså en "evighetsmaskin", som håller i gång processer utan att förbruka energi. Det har också gjorts observationer, som har lett till konstaterandet att universum expanderar, t.o.m. accelererande. Men detta gäller ju bara den del universum som vi kan observera. Expansionen kan inte bero på någon repulsiv kraft mellan stjärnor och galaxer. Förklaringen skulle kunna vara att stjärnornas avgivande av strålning får de att tryckas mot tommare områden. Effekten blir då accelererande. En annan, och mindre trolig, förklaring skulle kunna vara svarta hål i universums "horisont". Ett universum i balans kräver i så fall ett inflöde av strängar (kvasarer) från dessa. Och vad skulle finnas bakom dessa eventuella svarta hål? Här vid universums utkanter som definitionsmässigt inte skall finnas, får filosofi och populistiska förklaringar ta över.

Strängstormar.

Det är heller inte omöjligt att det kan härska stormar i strängarnas hav, stormar som uppstår och drivs av tryckskillnader från bl.a. svarta hål. Sådana stormar borde finnas och ha en påverkan på gravitationsfälten i universum.

Materialisering.

De, från ett svart hål, utpressade och lösgjorda **strängarna** sprider ut sig i.f.m. en tryckutjämning i universum. Strängarna slår sig initialt samman till subatomära partiklar, som protoner och elektroner, vilket kan vara det som har identifierats och benämnts som **kvant-** eller **vakuumfluktuationer**. Baserat på den totala förståelsen, som denna bok erbjuder, skulle man kunna kalla det "**materialisering**". Innan protonerna och elektronerna finner varandra, bildar de skyar av vad som måste betecknas som **joniserad vätgas**. Detta har också observerats, och tyder på att strängarna i den mörka materien i vissa områden i universum är sorterad.

En förklaring till denna sortering skulle kunna basera sig på hur de svarta hålen pressar ut strängarna, byggstenarna från de krossade atomerna. Mellan skyarna med olika elektriska potentialer kan det uppstå spänningsfält som borde bidra till att de subatomära partiklarna dras mot varandra, genererande ett **magnetfält,** och att de minsta och enklaste atomerna bildas, d.v.s. väteatomer, som så småningom bildar stora **skyar av vätgas**. Dessa dras sig sedan, p.g.a. gravitation, samman till större och större skyar, som till slut dras ihop till en stjärna. Och relativt nya observationer gjorda av Alma, radioteleskopet i Atacamaöknen i Chile, bekräftar att det bildas nya stjärnor i kvasarerna, där de lösgjorda strängarna har pressats ut från ett svart hål. Baserat på rörelsen från de svarta hålen sker antagligen bildandet av dessa stjärnor på ett "säkert" avstånd från det svarta hålet.

Universums eviga process.

Beskrivna bildande av subatomära partiklar är en naturlig och **ständigt pågående process**, som ger de sammanslagna strängarna en mätbar massa. **Denna process pågår inte bara nära svarta hål, utan också i, runt omkring oss** och nära vår egen sol, och "matar" den. Kanske hinner en stjärna slockna, eventuellt explodera som en supernova och producera planeter innan den, på nytt drabbas av ett svart hål, som klämmer ut strängar och "cirkeln blir sluten". Beskrivna cirkel har snurrat ett oändligt antal gånger, alltså i evig tid. Inte 15 miljarder år (naiva tanke), bara för att våra teleskop inte når längre än dessa ljusår bort. Solsystem och liv uppkommer, för att sedan slukas av ett svart hål, innan de pressas ut som mörk materias strängar, materiens minsta byggklossar.

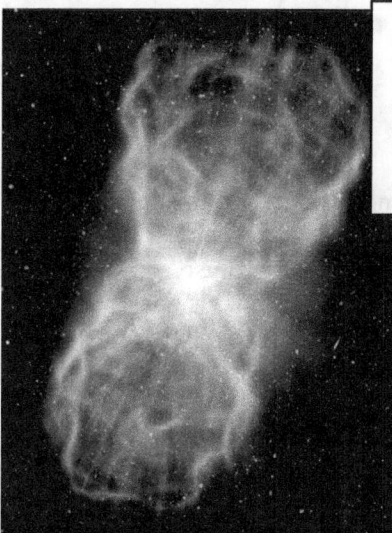

Figur 15. En **kvasar**. Illustrationen är baserad på data, som bearbetats av ESA.

Figur 16. När trycket från de s.k. termonukleära reaktionerna plötsligt överstiger gravitationen i en stjärna (ev. p.g.a. kollision med en annan stjärna) blir explosionen, **supernova**n, en naturlig följd. P.g.a. de höga temperaturerna anses det vara här som de tyngre grundämnena, byggstenarna till planeterna, bildas. Bild från NASA.

Fysiken möter filosofin.

I det evigt tysta och djupt sovande universum - började ett litet medvetande gro.
Ett medvetande som, i myllan av den mörka materien, och genom oändlig tid växte,
blev oändligt stort och omfattade allt.
Det var därför bara ett, och det var ensamt.

Av den mörka materien formades materia,
genomsyrat av det oändliga medvetandet.
Liv uppstod. Liv utvecklades.

Livet fick en röst,
och medvetandet kunde inte längre höras.

Efter denna boks grundliga genomgångar av växelverkan mellan strängkedjor och subatomära partiklar, kommer frågan om hur mycket strängarna därmed styr oss. Svaret är: Vi och våra tankar styrs av det som sker på cell-nivå, som styrs av det som sker på molekylär nivå, som styrs av det som sker på atomär nivå, som *kan* påverkas av nämnda växelverkan med strängar. Konklusionen borde alltså bli att vi inte är helt isolerade från en yttre och osynlig påverkan. Om man t.ex. bestämmer sig för att lyfta en arm, så kan man inte alltid vara säker på den mest bakomliggande orsaken till det i en händelsekedja. Även om allt är sammankopplat genom tid och rum, så tillkommer s.k. impulsiva handlingar. Men är de impulsiva? Och kan ett parallellt universum tappa strängar på rörelseenergi, och därmed orsaka en lokal temperatursänkning och bli en del av en paranormal upplevelse?

Under överskriften "Parallella världar" i denna del beskrivs supersymmetrin och möjligheten till att några grupper av strängar klumpar ihop sig till subatomära partiklar, som inte reagerar med de partiklar som bygger upp vår värld. Kan en sådan parallell värld, uppbyggd av dessa partiklar-atomer, vara kopplad till oss via strängar, som en "skuggvärld"? Eller kan en parallell världs strängkedjor påverka oss, när deras strängkedjor korsar och sliter av våra strängkedjor, och på det viset definiera en eventuell själ och medvetande? Oavsett så består vår kropp av atomer, som i sin tur är uppbyggda av strängar.

Vi är alltså en samling strängar, som är/kan vara medveten om strängarnas hav, vilket vi ju samtidigt både är en del av och påverkade av. Detta är onekligen en fascinerande tanke, och är det här som religionen skulle kunna komma in i bilden, i jakten på själarnas existens och eventuella boning? Är medvetandet bara *ett*, penetrerande allt och alla, och våra själar bara olika hörn av det stora medvetandet? Eller är medvetandet *en* kopia av varje levande kropp enligt teorin om supersymmetri, beskriven under "Parallella världar"? Är det någon av dessa scener som utgör eller hyser den Gud som människan instinktivt har sökt i alla tider?

Trots att det bara i vår galax antas finnas 17 miljarder jordlika planeter, har många religioner utsett *en* skapare och härskare till hela universum. Existensen av en mer lokalt, i tid och rum, förankrad andlig härskare - eftersom denne skapare skulle ha människan som sin huvuduppgift - är för många religioner, och i enlighet med människans natur, inte tillräckligt ambitiöst. Emellertid skulle inte detta vara ett logiskt problem, om Gud kan anses vara det alltomfattande medvetandet.

Under överskriften "Big Bang existerade aldrig" berördes begreppen oändlighet och evighet, begrepp som är svåra att ta till sig. Speciellt när den tid människan har existerat inte är mätbar i universums historia, och planeten jorden inte är synbar i det oändliga universumet.

När man, efter att ha bitit i det sura kunskapsäpplet, inser det logiska och riktigheten av att både tid och rum är utan gränser så leder det gärna till en känsla av människans intethet. Man vill ju gärna tro att människans plats i historien är större, t.ex. genom att proklamera att vår värld inte är så gammal, och att jorden är universums centrum. Men det kan vara till hjälp att hellre mentalt försöka omfamna förståelsen av strängarnas ocean, moder till alla universum, och anamma en filosofi som går ut på att, med äpplet i munnen, i möjligaste mån njuta av tillvaron, också utanför det troskyldiga paradiset. För risken med kunskap är att den kommer på bekostnad av lyckligt ovetande. Hjälper inte det finns alltid möjligheten till att välja en religion, som får individen till att känna sig delaktig i helheten

Till slut.

Antag att i det oändliga universet ligger strängarnas ocean med en diameter på några tiotals miljarder ljusår eller mer. Och att i denna ocean ligger alla galaxer. Antag vidare att en resenär tar sig förbi alla stjärnor och till slut också förbi ytterkanten av denna strängarnas ocean. När resenären till slut inte längre kan se en enda stjärna och fortsätter att resa, kommer denne ingenstans då?

Detta att komma ingenstans är, filosofiskt sett, därmed kanske universums yttre gräns. Men det är inget som förhindrar att det finns flera separata "stränghav". Det intressanta med en eventuell existens av åtskilda stränghav är att det inte skulle kunna överföras vare sig ljus eller gravitation mellan dem. Det bör påminnas om att; Strängar förmedlar gravitation, men är inte själva utsatta för gravitation, annat än i form av trängsel i svarta hål, från vilka de pressas ut. Och de strängar som eventuellt skulle lossna från en strängkedja i stränghavets ytterkant, dras därefter inte till något stränghav. Detta pekar på att det efter evig tid bara skulle finnas ett enda stränghav med någorlunda jämnt fördelad täthet. Visserligen skulle universum kunna vara oändligt stort, men innehåller det oändliga mängder av strängar?

Det har konstaterats att universums galaxer ligger samlade i olika grupper, s.k. **galaxhopar**. Man skulle kunna tänka sig att varje galaxhop korresponderar till separata stränghav. Att vi ändå kan se andra galaxhopar skulle, i så fall, kunna förklaras av att det också finns strängar mellan nämnda stränghav, men med en lägre täthet och därmed en lägre ljushastighet. Alternativt skulle denna rymd kunna bestå av annat, exempelvis strängar som inte inkluderar "våra" strängar. Också i det fallet, skulle det bli en annan ljushastighet. Intergalaktiska avstånd, som ju mäts i ljusår, får i båda fallen en annan betydelse. Samtidigt kan det finnas stränghav med stjärnor/galaxer i stränghav som är så isolerade att de inte omges av något som skulle kunna förmedla någon form av strålning, ljus inkluderat. **Sådana "gömda" stränghav gömmer också ev. stjärnor i bakomvarande stränghav.**

Angående filosofi: Möjligheten till att det finns en kopia av jorden med oss i ett annat solsystem är oändligt liten. Matematiskt beskrivs oändligt liten som $1/\infty$, alltså 1 dividerat med ett oändligt stort tal. Men nu finns det ju ett oändligt antal stjärnor (solar) med planeter i universum. Vi måste därför multiplicera $1/\infty$ med ∞ som då ger sannolikheten 1. Alltså: $\infty \times 1/\infty = 1$, vilket betyder att möjligheten, för att det finns en kopia av oss någonstans, är 100 %.

Figur 14. Ett rymdskepp som är på väg från ett stränghav (galaxhop). Består universum av flera sådana stränghav? Och kan det vara så att dessa är inhysta i en ännu större ocean bestående av det material som strängarna är uppbyggda av?
I en intergalaktisk rymd med total avsaknad av strängar kommer inte rymdskeppets hastighet att vara begränsad till ljusets hastighet, men då finns det heller inget att orientera sig efter.

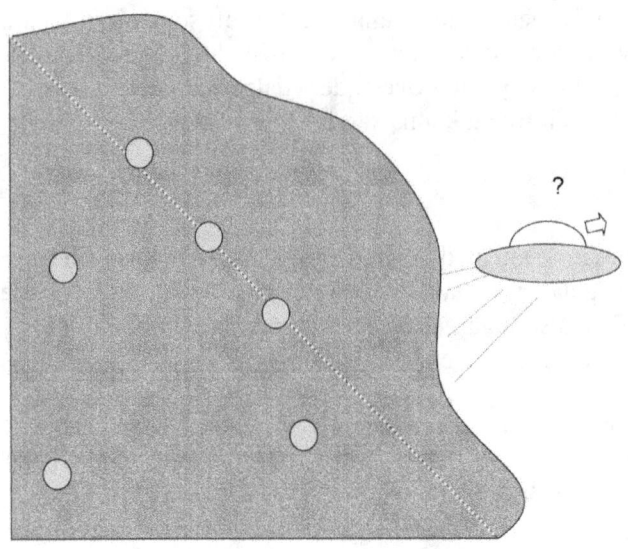

Jag är jag, och du är du,
sa en våg till en annan,
innan de träffade stranden.

Och som små krusningar
togs de upp av nya vågor i det eviga havet.

Efterord.

Det som nu har gåtts igenom i denna bok, och de konklusioner som har framkommit, är revolutionerande, och antagligen också provocerande för de som av naturliga orsaker har fastnat i konventionellt tänkande. Bokens kärna utgör en vetenskaplig milstolpe, och p.g.a. dess magnitud kommer den inte att automatiskt accepteras av forskare på området. Kanske många av dem saknar både den nyfikenhet och forskande attityd som bör prägla en forskare. Självständigt tänkande inom ett system är dessutom alltid förenat med risker. Att som en mullvad, som inte anser sig behöva en överblick av landskapet, fortsätta gräva i gamla, av uppdragsgivare erkända, djupa hål är därför det tryggaste. (Undertecknad har däremot den "orättvisa" fördelen att inte riskera något med denna boks sanna beskrivelse av landskapet.) Historien visar också att det, vid stora paradigmskiften, tar tid för chocken att lämna plats för sunt förnuft och accept. Problemen för Charles Darwin och Galileo Galilei är exempel på detta.

Utan att direkt bryta mot alla invanda föreställningar om atomens interna fysik ger bokens konklusioner friskt vatten i ansiktet och ett skönt uppvaknande till en ny dag med nya möjligheter. Vi har nu äntligen fått de efterlängtade förklaringarna på naturens innersta väsen, under den atomära nivån.

Sammanfattning av boken.

Den kunde ha börjat med kapitlet som dödförklarar fotonen, och vi hade därmed fått till följande logiska kedja:

1. Fotonen existerar inte.

2. Vi har m.a.o. ett "strängarnas hav" som förmedlar vågrörelser.

3. Strängarnas rörelser blir därmed ansvariga för den interaktion mellan atomer och påverkan på atomär nivå, som man tidigare har förklarat m.h.a. existensen av fotoner.

4. Denna interaktion och påverkan visar därför att strängarna kan påverka skéenden inne i en atom och mellan atomer. Om denna påverkan enbart skulle förklaras av strängars "tacklingar" så skulle det inte förklara allt som sker i en atom, och vad som styr detta. Men eftersom fotonen inte kan finnas och därmed förklara händelser inne i en atom, har strängarna här också givits en roll där de kan fästa sig till de subatomära partiklarnas "stränghandtag". Denna roll blir högst naturlig, om nämnda partiklar är uppbyggda av strängar (vilket är accepterat av många). Utstickande stränghandtag från något som är uppbyggt av strängar faller lika naturligt.

5. Etableringen av begreppet "stränghandtag" gjorde att alla bitar föll på plats, och att därmed de fyra naturkrafterna kunde förklaras, samt de mekanismer som leder till elektrisk ström. Som en bonus blev det i tillägg, tack vare det djärva antagandet om stränghandtag mellan elektroner, också möjligt att förklara vad som styr de kemiska processerna på den mest grundläggande nivån, samt ge en trolig förklaring till varför atomer med 8 elektroner i sitt yttersta skal är stabila. Och just denna förklaring, illustrerad med den stabila kubformen, är så bekräftande för den teoretiska uppbyggnaden att teorin kan ges ett trovärdighetens sigill.

Som stränghandtagen och gravitationen nu har förklarats, så blev fotonen också överflödig som en förklaring till konstaterade viktskillnader vid fusioner/fissioner av atomer. Logiken kan därmed sys ihop och bli vattentät. Pusselbitarna passar, och den mest intressanta av pusselbitarna är refererad kubform, eftersom den så enkelt och pricksäkert beskriver det som driver kemiska processer.

Vi har alltså äntligen fått den eftersökta, sammanhållande och enhetliga teorin som förklarar alla de fyra naturkrafterna. Och den fungerar!

För det som det *bara* handlar om, och som också de fyra naturkrafterna kokar ner till är;
Strängar i rörelse som **fastnar, eller inte fastnar**, *i varandra.*

Och huruvida detta styrs enbart av tillfälligheter genererade av det kaos'aktiga bruset i strängarnas hav, eller ej, är en fråga för religion och filosofi.

I förbindelse med analysen av rörelseenergi kom vi också fram till en formel som bättre beskriver dess förhållande till hastighet. En formel som tar hänsyn till materiens omgivande strängar, och som samtidigt ger samma resultat som den konventionella och mer ologiska formeln.

Man kan också, efter att ha läst denna bok, konstatera att både teorin om ett "Steady State" universum och teorin om den ljusförmedlande "etern" har fått ge vika för en felaktig tolkning av verkligheten. Strängarnas roll och deras förhållande till materia har ju aldrig förståtts av forskare på området. De har t.o.m. haft problem med att acceptera atomen. Det är **bara** drygt hundra år sedan Boltzmann blev bemött med en skamlig arrogans, när han försökte lansera idén om atomens (fysiska) existens. Bolzmann tog sitt liv några år senare. De "auktoriserade tänkarna" är, av naturliga orsaker, mer intresserade av att bevara världsuppfattningen som den är, än att släppa fram andra. Därför borde det inte vara en paradox om avlönade forskare ofta bär skygglappar. **Men det kommer en dag när man undrar över hur vetenskapsmän bl.a. har kunnat tro att hastigheten för tiden är variabel.**

Jag avslutar med att påminna om Thor Heyerdahls Kon-Tiki expedition. De självgoda s.k. vetenskapsmännen vägrade att acceptera hans bevis för att Polynesien blev befolkat från Syd-Amerika, trots att det inte fanns bevis för att invandringen skulle ha kunnat komma från Asien. När Kon-Tiki expeditionen till slut kom fram till Polynesien, måste därför Heyerdahls känslor ha varit överväldigande.

Och efter att ha utformat de i boken beskrivna teorierna, kom jag fram till: Att om He_2 mot förmodan skulle finnas, så måste den molekylen uppvisa tecken på tyngdlöshet. Den påföljande upptäcken av att detta verkligen var fallet, kom att bli min känsloladdade "landstigning på Polynesien". Det visade sig nämligen att He_2 både finns (visserligen bara kortlivat i laboratorier) och dessutom uppvisar alla tecken på tyngdlöshet.

Rolf Sjöström.

Ifrågasätt auktoriteter!
Thor Heyerdahl

Appendix.

Tillägg, som berör och tillhör boken.

Lorentz' faktor; Ett påfund som förstört vår världsbild. - S. 75.
Einsteins två postulat. - S. 78.
Nu kan experimentet från 1887, ges en korrekt förklaring. - S. 80.
En sammanfattning av bokens förhållande till berörd historia. - S. 82.
Den bärande teorin – mot målet. - S. 83.
Dilemmat – Auktoritetens arrogans mot förnuftet. - S. 84.

Ptolemaios-Copernicus. Vem äger sanningen? - S. 85.
Vad kan vi lära från historien?

Intelligens – Kunskap (IK) – Omdöme – Gruppens åsikter. - S. 87.

Lorentz´ faktor; Ett påfund som förstört vår världsbild.

Detta spekulativa antagande kom till efter ett experiment som utfördes på "fotogenlampans tid", år 1887, och alltså under en relativt "oupplyst" tid. Att antagandet är en ovetenskaplig spekulation som inte skulle ha accepterats idag, är dolt för de flesta under historiens "lager av damm" och ytterligare lager med bländande matematik. Faktorn har därför försvunnit från kritiskt granskande ögon och har med tiden blivit en del av en stor och väl etablerad teori. Så etablerad att den till slut har upphöjts till status av att vara en sanning. Detta har tyvärr bidragit till att generationer av forskare har hjärntvättats så grundligt att inte ens den mest vakne av dem törs ifrågasätta antagandet, och kommer därför att avsluta sitt läsande redan här. Antagandet, formulerades som följande funktion eller faktor, döpt efter upphovsmannen.

$$\gamma = \frac{1}{\sqrt{1-(\frac{v}{c})^2}}$$

Som framgår av formeln ovanför, får faktorn (representerad av en grekisk bokstav) sitt värde för ett objekt förändrat beroende på dess hastighet "v", där "c" är ljusets hastighet. Vid stillastående blir värdet 1, och ökar med ökad hastighet. Vid hastigheter som närmar sig ljusets går faktorns värde mot ett oändligt högt tal. Beroende på vad man önskar beräkna, så kan man antingen multiplicera eller dividera med denna faktor. T.ex. är "$m=m_0*\gamma$" tänkt att visa hur massan skulle öka med ökad hastighet. Men oavsett det utsträckta användandet av grekiska bokstäver och alibi från den fina matematik som exempelvis beskriver "Riemannsk geometri", eller dennes s.k. "tensor", vidareutvecklad av "Ricci" – så kan feltolkningen av nämnda experiment från 1887 inte rättfärdigas. **Matematiken är korrekt, men Lorentz använde den för att beskriva sin feltolkning. Ett sådant förfarande gör <u>ingen</u> feltolkning sann, vilket borde vara självklart, både för barn och vetenskapsmän. Men detta faktum blev, förhoppningsvis oavsiktligt, dolt bakom matematikens dimridåer.** Magi blir till, när trollkarlar använder denna typ av metoder för att bortleda uppmärksamhet. Och magin i refererad matematik från nämnda herrar var tämligen ny. Både Riemann och Ricci var ju samtida med Lorentz. Det blev alltså mycket nytt samtidigt, vilket kan ha haft en förvirrande effekt på den tidens etablerade elit inom området. Resultatet har blivit att man har "filat" på de matematiska formlerna på "ytan", i stället för att försöka lösa grundproblemet.

Lorentz´ faktor kom till att användas som en hörnsten i Einsteins trams om hur tiden för ett föremål påverkas av dess hastighet. Denna hörnsten kan vi nu omforma till en kil och använda för att välta tramsets piedestaler. Förklaringen till varför denna skamliga faktor dök upp, och också varför vi nu kan ersätta den med en korrekt världsbild kommer här.

Nämnda faktor var alltså Lorentz' konstruktion på 1890-talet för att förklara resultatet från ett experiment, utfört av Michelson och Morley 1887. Experimentet skulle m.h.a. speglar avslöja om ljuset går fortare i jordens rörelseriktning i sin bana runt solen än i motsatt riktning. Eftersom ljuset ansågs vara vågrörelser genom etern (det vi i dag kallar "strängar" eller "mörk materia") skulle experimentet avslöja om etern var kopplad till materia, i detta fall jorden. Det man tänkte inför experimentet var att en ljusvåg var inkorporerad med jorden i ett och samma koordinatsystem, där solen var placerad i "origo". Om etern inte är fäst till materien skulle ljusets utbredning vara snett inkommande, i riktning bakåt, och nå den "bakre" spegeln först. Resultatet gav att ljuset nådde båda speglarna samtidigt, och att etern därmed måste vara fäst till materien. Men för Lorentz var det inte så enkelt. Hans tanke var nämligen att etern borde pga. gravitationen vara tjockare närmare jordens yta, och därmed påverka ljusets hastighet. Men eftersom ljusets hastighet redan hade konstaterats vara konstant och till synes oberoende av närheten till jorden, så ansåg han nu att man måste se till en annan förklaring. T.ex. att ljuset kanske inte var vågrörelser genom etern.

Det oförlåtliga felet som Lorentz nu hade gjort som vetenskapsman var att ta för givet, att etern skulle vara kopplad till jorden <u>m.h.a.</u> gravitation. Detta var ju inte bevisat.

Och här började därför den vetenskapliga urspårningen. Hur kopplingen mellan materia och s.k. mörk materia fungerar beskrivs i boken och sammanfattas också i denna presentation under "Strängarnas roll och egenskaper". Det urspårade tåget drogs vidare över stock och sten m.h.a. fin matematik, som både imponerade och dolde urspårningen. Den stora gåtan är varför det måste till en utomstående för att påpeka att kejsaren är naken. Kanske kan det bero på att de, som i dag sliter med konsekvenserna av urspårningen, inte törs ifrågasätta kejsarens kläder pga. rädslan för repressalier från det system de verkar i. Det skulle t.o.m. kunna ses som ett förräderi mot den egna arbetsplatsen som är baserad på "väven" runt Lorentz´ faktor.

I sökandet efter en förklaring kom Lorentz att tänka på Newtons logiska formler för att beräkna positioner mellan objekt med placeringar beskrivna i separata koordinatsystem. Newton hade kallat dessa formler för "Galileitransformationer", alltså efter den italienske astronomen, och "transformation", eftersom man översätter (transformerar) koordinater från ett system till ett annat. Med dessa formler blev det lättare att beräkna en planets position i förhållande till exempelvis jordens koordinatsystem.

Lorentz ansåg att dessa formler var relevanta i tolkningen av experimentet. Eftersom experimentets inramning färdades med jordens hastighet runt solen, måste resultatet påverkas av denna hastighet. Detta var ju logiskt och förväntat, om etern inte skulle följa med jorden i sin bana. Men Lorentz gick ett steg vidare, och trampade ut i ett spekulativt mörker, när han lade till följande påstående för att förklara resultatet från refererat experiment: "Tidens hastighet för ett objekt påverkas av dess hastighet." Och för att beskriva detta tog han till sin hjälp den matematik som beskrevs i inledningen.

Det är högst anmärkningsvärt och förvånande att Lorentz' faktor, trots dess bakgrund, fortfarande accepteras okritiskt, och får passera nålsögat till de vanligtvis så kritiska vetenskapsmännen, de som ju bestämmer över vad som får lov att vara sant.

Faktorns största skada gjordes när en opportunist av större format stoppade in den i olika matematiska beskrivningar av verkligheten. Han kom därmed fram till spektakulära och publikfriande konklusioner, de s.k. relativitetsteorierna, "kejsarens nya kläder", som den duperade medievärlden inte törs ifrågasätta.

Ett byggverk av teorier **överskuggar** alltså felet i just den teori, som de baseras på. Ett intressant fenomen!

Dumhetens diktatur och arrogansens fall, när de dummes sten slås undan och sänder lakejerna ut i arbetslöshet.

Jakten på tyngdlösheten, Rolf Sjöström.

Logisk analys av Lorentz´ faktor leder till ohållbara konklusioner.

Man skulle direkt här och nu kunna fråga sig om man därmed kan ha fler än en hastighet på tiden inom ett och samma system. Om vi exempelvis ser på vårt solsystem som ett inneslutande och överordnat system med en tidräkning, och samtidigt anser att detta system innehåller en eller flera delmängder med en annan tidräkning, leder det till att ett och samma objekt inom solsystemet har både en individuell hastighet på sin egen tid **samtidigt** som det har en annan hastighet på tiden som gäller för objektet när man ser det som en del av solsystemet, det överordnade systemet!

Också Lorentz´ resonemang om mätning av hastigheten lämnar många obesvarade frågor. Logiken säger att en hastighet onekligen och alltid är relativ och därför måste mätas i förhållande till ett annat objekt. Lorentz' faktor som förklaring blir därför vetenskapligt otillfredsställande, om den exempelvis appliceras på två föremål som fjärnar sig från varandra med hög hastighet. Hur kan man veta att inte ett av föremålen står stilla? Och därmed; vilket av föremålen är det som tiden går fortare för? Och hur vet man att en acceleration, för en kropp i rymden, inte är retardation? Den som ev. skulle förklara detta m.h.a. matematik baserat på Lorentz' faktor har inte förstått uppgiften. För då har man ju bara förklarat påfundet med samma påfund!

Om man vid nämnda experiment år 1887 hade testat hastigheten för något annat än ljuset som strömmade mot jorden och fått samma resultat, skulle dess hastighet då ha blivit den magiska hastighet, "c", som Lorentz´ faktor har fått utgå ifrån? Vi kunde t.ex. göra om experimentet med tryckvågor genom vatten i en bassäng, där tryckvågorna kommer i rät vinkel i förhållande till jordens rörelseriktning. Dessa tryckvågor skulle tanke-experiment-mässigt ha fått initierats av en raket utifrån. Raketen skulle då röra sig med 30 km/s mot jordens rörelseriktning, och smälla när den passerar bassängen. Detta låter sig naturligtvis inte utföras av praktiska orsaker, men alternativt skulle man kunna tilldela en mindre och närliggande "smällare" i rörelse och med ett eget koordinatsystem. I den därpå konstruerade "Sjöströms-faktorn" (döpt efter undertecknad) skulle man kunna kopiera ovan beskrivna faktor, och byta ut "c" mot "a" (aqua, (finare språk)) för tryckvågens hastighet genom vattnet. Smällaren skulle kunna skapa tryckvågen i ett luftrör riktad mot mitten av bassängen. Då får man också denna gång, som 1887, två olika tätheter; luft och vatten, som tryckvågen skall passera genom. En sådan applicerad Sjöströms-faktor skulle få tiden att gå verkligen fort, redan vid lägre hastigheter. Detta tankeexperiment visar hur orimlig Lorentz´ faktor är!

Lorentz´ resonemang accepterades heller inte utan vidare. Diskussionerna fortsatte i tre decennier, men eftersom man vid denna tid inte hade någon alternativ förklaring till refererat experiment tvingades de uppgivna forskarkretsarna till slut att motvilligt acceptera resonemanget, som egentligen gav mer frågor än svar. Forskare, som började sin karriär efter denna turbulenta tid, fostrades till att acceptera överenskommelsen som den absoluta sanning, och kritiken tystnade. Det är inte svårt att förstå hur religioner uppstår, kyrkor byggs och besätts med överstepräster som skall förvalta den överenskomna sanningen och bekämpa andra idéer, speciellt de som kan välta deras kyrka. I detta fall; även om dessa idéer skulle reflektera just den sanning som forskarna sökte på 1890-talet.

Einsteins två postulat.

Einstein baserade sina relativitetsteorier på två postulat. Det ena var att alla referenssystem med sina koordinater är likvärdiga. Därmed fråntogs universum och dess eter (mörk materia) rollen av att vara ett absolut referenssystem, som andra referenssystem förhåller sig till. Det andra var att ljusets hastighet är konstant.

Bakgrund.
Postulaten och teorierna publicerades efter att vetenskapsmän, som bl.a. Lorentz, i 18 år hade försökt förklara resultatet från ett experiment som Michelson's och Morley's gjorde 1887. Se "Ljusets konstanta hastighet och Einstein", i Del 2. Se också "Lorentz' faktor; Ett påfund.." i denna del.
Förstnämnda postulat säger att alla referenssystem är likvärdiga, i betydelsen att exempelvis den yttre rymden och utrustningen i nämnda experiment befinner sig i, förhållande till varandra, oberoende system med egna koordinater. Förlängningen av det resonemanget ger att det inte kan finnas en eter som förbinder dessa system med en gemensam parameter för tid, vilket kom att innebära **att ljuset därför inte kan ha etern, som medium för sin utbredning**. Därmed måste det antas att ljuset är partiklar. Som ett resultat av detta antagande blev det omöjligt att förklara hur dessa partiklar kan upprätthålla en konstant hastighet oavsett hastigheten till ljuskällan (och dess "system"), vilket ledde till att **ljusets konstanta hastighet måste uttryckas som det andra postulatet**.

Forskarna hade tidigare antagit både att ljusets hastighet är konstant och att etern är dess medium. Emellertid fick de problem med att förstå hur dess hastighet kunde vara konstant, när man kom på att gravitationen borde komprimera etern, vilket man tyvärr hade tagit för givet. Men om de hade förstått eterns (strängarnas) sanna natur, som förklarats i denna bok, kunde vi ha undvikit både Lorentz-faktorn, Einsteins postulat och alla relaterade teorier. Se "Strängarnas roll och egenskaper" i slutet av Del 1, som konkluderar med: Eftersom strängarna är bundna till angränsande materia, på ett sätt som bara håller materia samman, förmedlar de tyngdkraften och komprimerar därför inte sig själva. Och egenskapen att vara bunden till materia, som till exempel luft, förklarar också resultatet från refererat experimentet. **Viktigt: Einstein hittade inte en lösning! Han skapade en!** Och att beskriva dessa fantasier med matematiska formler gör dem inte till sanningar.

Accept av en förklaring bara för att den inte kan motbevisas.

Postulaten hör ihop eftersom de båda behövs för att förklara nämnda experiment. Detta är förvirrande, och det bör uppfattas som totalt ovetenskapligt att lösa ett problem med enbart postulat, vilket borde ha utvisat Einstein på livstid från den vetenskapliga arenan. Relativitetsteorierna är baserade på dessa två värdelösa postulat och på Lorentz' faktor. Teorierna rönte naturligtvis mycket motstånd av samtidens fysiker. Att teorierna ändå fick en chans kan delvis ha berott på att ingen annan kunde ge resultatet, från Michelson's och Morley's experiment, en förklaring. Det är emellertid förvånande att dagens fysiker kan acceptera en förklaring som sanning, bara för att den inte kan motbevisas. Men det finns en viss tradition för detta. T.ex. kunde man tidigare inte heller motbevisa att asa-guden Tor var ansvarig för åskan och blixtarna.

Massmedia kontra seriösa kritiker.

Kritiken mot Einsteins teorier höll i sig i ett par decennier. Men han hade den fördelen av att vara yngre än sina kritiker, och kunde därför överleva dem. Och man kan misstänka att hans personlighet bidrog till han marknadsfördes bättre än sina kritiker i massmedia. Oavsett så borde artiklar med spännande och fantasifulla teorier ha varit av större kommersiellt intresse än kritikernas kommentarer. Och det journalister oavsett kunskapsnivå skriver, det tar allmänheten till sig som sanning. På så vis förelåg, den inte helt ovanliga, risken för att massmedias ekonomiska intressen kunde styra den allmänna uppfattningen. De unga studenterna, som sedan skulle vidareföra den tidens kunnande inom fysiken, tvingades hålla sig till denna nya lära. Att ifrågasätta teorier från någon som gjort sig ett så stort namn på området var då, och är fortfarande, lika riskabelt som att utmana makten i en diktatur. Efter ytterligare några generationer av partikelfysiker blev de diskutabla och luftiga teorierna tyvärr odiskutabla och förstenade "fakta".

Ny kunskap – ändå törs inte dagens fysiker omvärdera postulaten.

Oavsett tillgång till ny kunskap, så törs ingen forskare att med öppet sinne se på experimentet från 1887 igen. Risken är nämligen stor att man kommer fram till slutsatsen att båda postulaten kan fällas, och att Lorentz' faktor kan skrotas. Att observationer har gjorts, som visar att mörk materia både finns och att den binder sig till materia, tycks heller inte betyda något. Se figur (bild) 11a och 11b i Del 4. Dessutom visar kvasarerna att mörk materia inte heller låter sig komprimeras, vilket Lorentz trodde. Se "Big Bang kan aldrig ha hänt" i Del 5. Visserligen kan mörk materias existens och egenskaper fortfarande vara föremål för diskussion eller vara överkurs för många forskare. Däremot är det ett rent brott mot logiken att ha ett postulat som inte accepterar definitionen på ett alltomfattande universum, eller den del av det som vi har översikt över, som ett överordnat och absolut referenssystem, mot vilka andra däri ingående referenssystem kan förhålla sig till. Man kan heller inte godkänna en förklaring bara för att den inte kan motbevisas. Och att någon därefter har beskrivit denna förklaring med matematik, betyder inte att förklaringen representerar verkligheten.

Tyvärr är det så att dagens partikelfysiker arrogant ignorerar ovanstående logik. Och respektlöst anser de sig vara klokare än Bohr, Stokes, Planck, m.fl. vetenskapsmän, som inte var eniga med den fantasifulle Einstein i sin tolkning av refererat experiment.

Skulle dagens partikelfysiker godkänna postulaten om dessa blev presenterade för första gången här och nu? Antagligen inte. Men skulle de kunna förstå och acceptera denna boks beskrivning av **"Strängarnas roll och egenskaper" i Del 1, som mer logisk än nämnda postulat?** Antagligen inte det heller, och det av flera anledningar. För det första har forskarna på området väl utvecklade skygglappar, och för det andra är deras yrkesval baserat på intresse, inte på intelligens. Intresse för sin yrkesutövning oavsett yrke, är en stor fördel, och kan ibland kompensera för eventuella intellektuella svagheter. Men skygglapparna kvarstår, som borde vara det sista man önskar se på dem vi avlönar för att göra upptäckter. Skygglapparna är en institutionell svaghet, och delvis påtvingade den enskilde forskaren. Se mer om detta i "Intelligens - Kunskap (IK).." i denna del av boken.

Att de över hundra år gamla postulaten är accepterade i dag, beror på att dessa gamla lögner är ärvda etablerade "sanningar", och för att ingen törs riskera sin trygga anställning genom att säga som det är, nämligen att; Kejsaren är naken!

Nu kan experimentet, från 1887, ges en korrekt förklaring.

I dag är atomens existens erkänd. Och refererad bok visar hur etern, (strängar/mörk materia), är förankrad i angränsande materia (atomer). Boken visar också att dessa strängar, trots nämnda förankring, inte påverkas av gravitation och därmed att dess täthet inte varierar med avståndet till jorden.

Boken tar oss, via en logik som är baserat på resultat från erkända experiment och det faktum att en atom med 8 elektroner i sitt yttersta skal är stabil, samt övriga erkända fakta. Logikens uppbyggnad kan jämföras med en bergsklättrares förankringar av fästen i berg. Med dessa förankringar i dagens godkända vetenskapliga miljö leder boken oss fram till följande slutsatser:

Strängarnas roll och egenskaper.

1. Strängarna utgör de byggstenar som materien är uppbyggd av. Massan kommer alltså från alla ingående byggstenar, och dessa interagerar med omgivande strängar. (Fastnar eller inte fastnar.)
2. Strängarna utanför materia är, **trots sin massa, inte utsatta för gravitation**, men de skapar och förmedlar gravitation mellan materia, *som en skakande kedja mellan två knutar (materia).*
3. Strängarna får därför inte en ökad täthet pga. själva gravitationen, eftersom det ju är strängarna som förmedlar det vi uppfattar som gravitation.

Konklusioner av ovanstående punkter.

4. Till all materia är strängar kopplade; Inte pga. gravitation, men pga. fasthakningar.
5. Och detta förklarar resultatet från Michelsons och Morleys experiment år 1887 när de testade om etern följer med jorden eller inte.
6. Och med den förklaringen behöver man inte längre påfundet om en variabel hastighet för tiden.

I jakten på ett bevis, som kan visa att bokens teorier är riktiga, beslöt sig författaren (undertecknad) att på papperet konstruera en tyngdlös molekyl. Teckningen, som tonade fram, visade sig bestå av två sammankopplade heliumatomer. Se bilden av den i boken. Vid sök på internet visade en träff att denna molekyl också, och helt riktigt, var tyngdlös. Molekylen uppstår vid en nedkylning av helium till nästan den absoluta noll-punkten. Se **http://www.youtube.com/watch?v=2Z6UJbwxBZI**
Observera uttrycket i filmen: "It appears to defy gravity"!

Nu och då kommer diverse "halleluja-rop", om t.ex. gravitationsvågor o.l., samt hur de s.k. atomklockorna i GPS-satelliterna ev. skulle gå saktare pga. av deras hastighet runt jorden. Detta är ytterligare trams baserat på trams. Boken ger en förklaring till gravitationsvågorna. Och angående nämnda klockor, så är dessa tillräckligt oexakta för att de i alla fall måste justeras med jämna mellanrum. Om inte annat, så kan dessa klockor påverkas av den genomströmning av strängar, som tränger genom den sfär av strängar som redan är knutna till satelliten. (Beskrivet i boken.) Och ekvationer som sägs gälla för de s.k. fotonerna, gäller i själva verket för vågrörelser genom det "strängarnas hav" som det synliga universum är en del av. Också detta visas i boken, med referenser till erkänd forskning. Boken får, m.h.a. av de konklusioner som arbetas fram, alla bitar till att äntligen falla på plats.

Teserna om "Strängarnas roll och egenskaper" uppspikade 500 år efter att Martin Luther spikade upp sina teser.

En sammanfattning av bokens förhållande till berörd historia.

Historiska milstolpar   ← Eter = Strängar →   "Ny tidräkning"

1818 → Jean Fresnel lanserar teorin om att ljuset både är vågrörelser genom något som han kallar "eter", och att denna eter genomsyrar all materia.

1864 → Maxwell konstruerar en formel för att beräkna ljusets hastighet, vågrörelserna genom etern.

1887 → Eftersom man sedan 1800-talets början hade försökt komma fram till huruvida etern helt eller delvis var bunden till omgivande materia, genomförde Michelson och Morley år 1887 ett experiment, där man m.h.a. speglar styrde ljus från en ljuskälla, så att en stråle skulle gå i jordens rörelseriktning runt solen, och den andra strålen i motsatt riktning. Interferens skulle visa om strålarna behövde olika lång tid. Det behövde de inte, och konklusionen blev därför att etern följer med jorden. Resultatet var också i linje med Stokes' teorier.

> Lorentz kunde emellertid inte godta den tolkningen. Det stämde inte med antaganden och uträkningar som man hade på eterns förhållande till gravitationen.
>
> **Det var här utvecklingen spårade ur.** I brist på bättre idéer började Lorentz, baserat på Newtons s.k. Galileitransformationer, bygga teorier där tidens hastighet var variabel.
> Diskussionerna hade pågått i en livstid och "gubbarna" var ordentligt slitna. Därför orkade inte alla protestera, när den unge Einstein plockade upp stafettpinnen efter Lorentz, och omvandlade Max Plancks begrepp, ljuskvantum, till en "ny" partikel; fotonen. Resten är väl känd historia med en problematik som, intressant nog och nästan av tradition, tas för given.

Denna "urspårade tågvagn" kan nu avlägsnas och utvecklingen släppas fram.

M.h.a. en resa genom tiden visar den inflyttade teorin från denna bok att Stokes hade mest rätt. Teorin om förhållandet mellan eter och gravitation hade emellertid alla fel på, vilket ledde forskarna in i den återvändsgränd, som blivit deras hem. Trots stora svårigheter har de ändå lyckats finna "små öar av sanning", men utan att förstå kartan.

Bokens teori, om strängarnas roll och egenskaper, är baserad på atomens uppbyggnad. **Och till ovanstående mäns försvar bör därför nämnas; att på denna tid fanns inte denna kunskap om atomen.**

Nu → **En möjlighet till nystart för forskningen**
(e. R.S) **på berörda områden.**

2011 → Denna bok utvecklar teorierna om strängarna och dess samverkan med materia.
Den sammanhållande och enhetliga teorin, som förklarar alla de fyra naturkrafterna blir funnen. Samtidigt utvecklar boken teorier som bl.a. gör existensen av fotonen överflödig.
Många experiment, utförda av etablerade institutioner, både bevisar och finner sin förklaring i ovanstående teorier. Exempel: Experiment utförda på mitten av 1900-talet med helium, som kyls till helium II, fick resultat som bara kan förklaras av denna boks teorier. Se Del 3!
Utan att ha känt till 1800-talets teorier, om bl.a. ljuset som vågor genom etern och eterns samverkan med materien, kommer nu undertecknad, m.h.a. logik, fram till samma åsikter. Men denna gång skall inte det historiska misstaget upprepas, eftersom:

> Parallellt med den sammanhållande och enhetliga teorin utvecklade undertecknad också en hållbar teori om strängarnas roll och egenskaper.

Med denna förflyttning av kunskap om strängarna kan den vetenskapliga utvecklingen, efter den historiska urspårningen, fortsätta.

Bokens teorier kan alltså förklara effekter, som tidigare har förklarats med teorier om uppbromsning av tiden.

I tillägg till detta ingrepp i historien visar boken också hur strängarna, s.k. mörk materia, samverkar med materia vid uppbyggandet av rörelseenergi, och har utvecklat en formel för detta. Formeln, som bygger på det logiska i att hastigheten alltid är relativ, visar bl.a. hur mycket massa av mörk materia som fastnar i, och dras med av, en given massa materia vid en given hastighet.

Den bärande teorin -

Boken bygger på strängarna och deras egenskap att fastna i varandra, vilket får dem att bilda både strängkedjor och föreningar i form av olika subatomära partiklar. Ett dammigt och solbelyst rum ger en bra illustration av detta, om man kan föreställa sig dammet i luften som strängarna i universum, "strängarnas hav". Ett annat exempel på spontana kedjebildningar och sammanklumpningar illustreras av nedanstående bild på pollen.

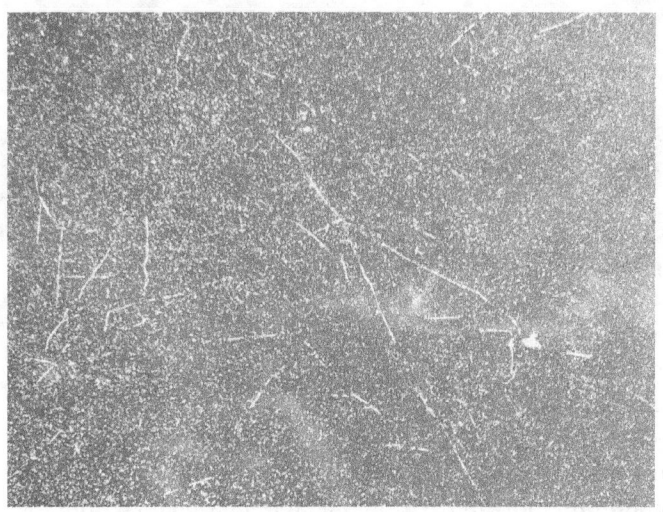

mot målet.

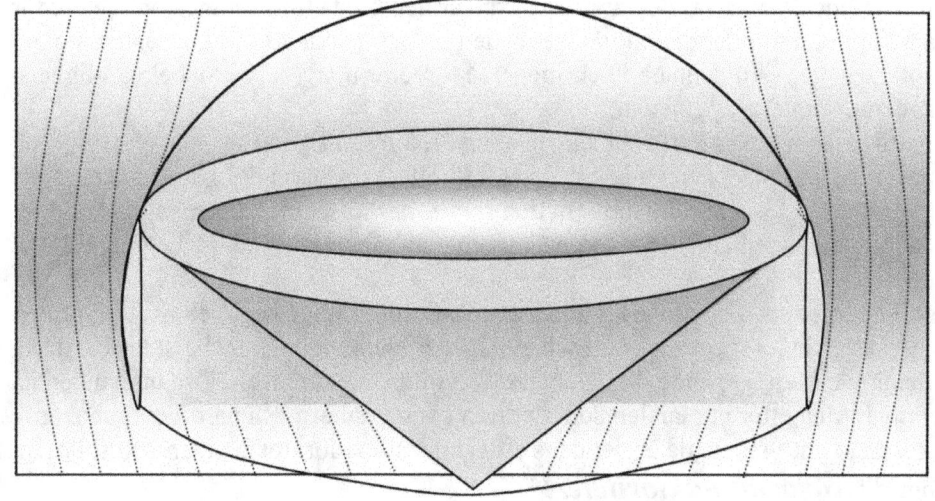

Dilemmat – Auktoritetens arrogans mot förnuftet.

Auktoritetens baksida – Dumheten.

Det var den auktoritära diktaturen inom (o)vetenskapen som försökte stoppa
Galileo Galilei, när han påstod att jorden inte är universums centrum.

Det var den auktoritära diktaturen inom (o)vetenskapen som försökte stoppa
Wallace och Darwins idéer om växt- och djurarters utveckling.

Det var den auktoritära diktaturen inom vetenskapen som försökte stoppa
Ludwig Boltzmann, när han presenterade sin (och John Daltons) teori om atomens uppbyggnad.

Det var den auktoritära diktaturen inom vetenskapen som försökte stoppa
Alfred Wegener, när han presenterade sin teori om rörliga kontinentala plattor.

Det var den auktoritära diktaturen inom vetenskapen som arrogant avvisade
Thor Heyerdahl, när han presenterade sin teori om ursprunget till Polynesiens befolkning.

För att förstå exemplen ovanför (bland många andra) måste man ha respekt för det faktum att varje människa är "styrd" av sitt DNA, som till stora delar är identiskt med det som sitter i betydligt hårigare varelser. Att behålla status och hålla gruppen samlad har därför en hög prioritet för den som sitter vid maktens roder. Vad som är bäst för gruppen avgörs av egenintresset. Och ett vetenskapligt påstående, som utmanar en etablerad teori, kan aldrig räkna med att få en objektiv bedömning, eftersom dess väktare då distraheras av en anad hotbild mot sitt revir. Paradoxen; att den med hum döms av dum, blir därför lika naturlig som att alla krig kan spåras tillbaka till arvet av våra primitiva egenskaper. Detta är en mörk sida av verkligheten, som har skördat många oskyldiga offer bland de sanningssökande hjältarna. Det är ingen solskenshistoria, men samtidigt är den överraskande komisk när man inser följande:

Trots att auktoritetens förtroendekapital borde vara förbrukat, är den breda massan med sitt behov för grupptillhörighet, lika troende som under den mörkaste medeltid. Och i stället för att acceptera de enkla och trovärdiga förklaringar, som denna bok erbjuder, så föredrar man (också av bekvämlighetsskäl) **de godkända sagorna**, som exempelvis att:
- En s.k. foton är en partikel, som också kan veta vad en annan foton skall göra!
- Universums alla galaxer har fått plats i en enda s.k. ur-atom! (Hur kan svarta hål komprimeras? !)
- Ljusets hastighet är konstant, också i förhållande till den som följer ljuset med exempelvis halva dess hastighet, trots att ingen hastighet kan vara konstant om man laborerar med tidsbegreppet!

Sagt på ett humoristiskt sätt, men med en allvarlig underton: Det djupt rotade behovet av att dyrka en religion, ledd av överstepräster i vita rockar, gör att vilka magiska "sanningar" som helst tas okritiskt emot av oss, den lätt manipulerbara, gapande, lydiga och offervilliga massan. Religiösa uttalanden kan vi inte göra så mycket med. Men efter uttalanden som det från kvantfysikern, Richard Feynman, om att det är omöjligt att förstå kvantfysiken, då är det dags att vakna, slita mörkret åt sidan och följa Thor Heyerdahls uppmaning; *"Ifrågasätt auktoriteter!"*

Ptolemaios-Copernicus. Vem äger sanningen?
Vad kan vi lära från historien?

För snart två tusen år sedan lyckades greken **Ptolemaios**, med matematiska funktioner, beskriva planeternas och solens banor runt jorden. Detta var en svår uppgift eftersom teorin inte stämmer med verkligheten. Men m.h.a. en funktion inom trigonometrin kunde han beskriva hur planeterna rörde sig i cirklar, runt sig själva, i s.k. epicirklar, på sin väg runt jorden.

En anledning till att jag nämner detta är för att visa: Att även om du kan beskriva något matematiskt, så blir inte det du beskriver mera sant. Jämför detta med Lorentz´ faktor och relativitetsteorierna. Man tror att antaganden är sanna bara för att man kan beskriva de matematiskt, och Ptolemaios´ läror trodde "de lärde" på helt fram till 1600-talet. Men redan år 1543 publicerade den polske astronomen **Copernicus** en enklare förklaring till planeternas banor, nämligen att det är planeterna, jorden inkluderat, som rör sig runt solen.

Sensmoral 1: När komplicerad matematik måste användas för att beskriva något, så kan det vara för att man försöker beskriva något som inte stämmer med verkligheten.

Emellertid var ingen intresserad av att höra något som inte stämde med vad de hade lärt sig, trots att man med Copernicus´ modell kunde eliminera Ptolemaios´ komplicerade matematiska beskrivningar av planetbanorna.

Sensmoral 2: Den viktigaste orsaken till varför förvaltare av gammal kunskap inte vill släppa fram ny kunskap, är att den gör förvaltarna lika värdelösa som den gamla kunskapen.

Relativitetsteorierna baseras på postulat, och postulat är ingenting annat än antaganden. Trots detta anses nämnda antaganden vara en tillräckligt fast grund för att bygga en hel vetenskap på. **Och det är en ofattligt stor skandal!** Boken visar för övrigt, att det finns ett mer realistiskt alternativ till dessa påhittade postulat.

Copernicus förklaring till planeternas rörelser i sin bok, gav inga hurra-rop. År 1590 upptäcktes boken av den italienske astronomen **Galileo**. Hans egen forskning bekräftade de slutsatser Copernicus hade kommit fram till, och han hamnade nu i spetsen för kampen mot den tidens prästerskap och förvaltare av kunskap. Men trots att prästerskapet, som ansåg sig veta bäst, både hotade Galileo med att brännas på bål, och till slut gav honom husarrest under resten av hans liv, så segrade sanningen till slut. Att kämpa för sanningen borde inte vara en otacksam uppgift. Men varför segrade sanningen? Jo, för att till slut hade så många själva kunnat verifiera sanningshalten i Galileos påstående, att prästerskapet måste ge sig.

Sensmoral 3: Det är inte alltid de klokaste som bestämmer över vad som är sant.

Den här boken publicerades första gången år 2011. Skall innehållet i denna bok också vänta i nästan hundra år innan våra överstepräster accepterar fakta? Det borde inte vara nödvändigt, eftersom ni kan också, m.h.a. bokens referenser och fakta – och precis som Galileos samtida – själva se vad som är logiskt hållbart, och dessutom komma fram till slutsatsen att de som bestämmer över sanningen också håller den som sin fånge.

Människans gener har inte förändrats under den tid som gått efter Copernicus. Det innebär att kunskapens förvaltare, i egenskap av att vara människor, fortfarande styrs av både en fåfäng yrkesstolthet och rädsla för att förlora sin status. En rädsla som också bidrar till att man inte törs ta bort sina skygglappar, utan man håller sig bara till den etablerade "sanningen". Och här har vi problemets kärna. En forskare med skygglappar är ingen forskare.

Kan en vetenskap som baseras på över 100 år gamla antaganden och teorier ifrågasättas eller revideras? Går det att lyfta en urspårad vetenskap om partikelfysik i en återvändsgränd upp på en vetenskapligt hållbar plattform?

Intelligens – Kunskap (IK) – Omdöme – Gruppens åsikter.
Har dagens partikelfysiker en framtid, trots att deras värld är begränsad av teorier från 1800-talet?

I partikelfysiken måste man, mer än inom andra vetenskaper, tolka resultat från experiment, utifrån anammade teorier. En god tolkning kräver, i alla sammanhang, en god IK, och ibland krävs det också ett ifrågasättande av givna och bakomliggande teorier. Emellertid utvärderas alltid en tolkning av människans omdöme. Individens omdöme är i sin tur påverkat av de åsikter och teorier som gäller och accepteras av den grupp som denne verkar i. Eftersom också partikelfysikerna är gruppdjur, så blir resonemanget av intresse för boken. Ett resonemang, som är av generellt intresse, och för någon läsare kan detta vara bokens viktigaste del.

Figur, som illustrerar människans förhållande till fakta.

Omdömet är en produkt av både intelligens och kunskap, men kan upplevas som en separat egenskap, eftersom det kan påverkas. Hög intelligens och mycket kunskap är ingen garanti för ett bra omdöme. Tolkningar eller gärningar kan ju, som bekant, utföras mot s.k. "bättre vetande".

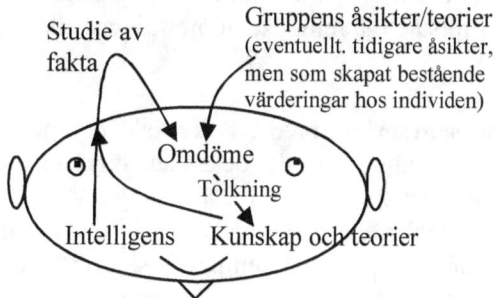

Omdömet överstyr intelligensen.
Alla har vi väl förundrats över hur människor med normal IK, upp genom historien, har kunnat delta i pöbelhopar, där små barn har offrats vid religiösa riter, där häxanklagade kvinnor har bränts på bål, och där folkmord har genomförts. Förklaringen måste finnas i människans omdöme.

Människan, ett gruppdjur.
Vid alla dessa tillfällen har individens omdöme korrumperats av något. För att förstå vad detta "något" kan vara, måste vi inse att människan är ett gruppdjur. Och dess instinkt är att offra **eget** tänkande, för att inte bli utesluten ur sin grupp och därmed förlora chansen att sprida sina gener. Hög intelligens kan därför offras på grupptillhörighetens altare. Generna för detta har finslipats under evolutionen, från jagande hunddjur fram till vår art. En individ kan ha den bästa idén om exempelvis en jakt, men den är inget värd om gruppen följer en annan plan.

Priset för tryggheten i en grupp.
Lusten att tillhöra en grupp kan vara driven av den instinktiva rädslan för att stå ensam, eventuellt i opposition mot resten. Fördelarna med att tillhöra en grupp tycks överväga inskränkningar i individens frihet och risk för deltagande i kriminella handlingar, inkluderat könsstympning av egna barn. Det är ett obestridligt faktum att individens behov för att få tillhöra en grupp kan vara så stark att det t.o.m. styr dess klädsel, bestämd av det mode eller tradition som gruppen accepterar. (Man kan ana ett visst släktskap till fågelvärlden, där både fjädrar och dans kan vara avgörande för individen.) Karriär i vilken som helst grupp kräver också att man håller sig inom ramarna för gruppens åsikter, vilket förefaller naturligt. Tyvärr blir effekten, lika naturligt, att en utveckling därmed förhindras. Men

lyckligtvis finns det individer som är beredda att offra karriären för sina åsikter. Exempelvis gick Nobelpriset i kemi år 2011 till en man som, mot sin chefs order, hade gjort en banbrytande upptäckt om kristaller.

Gruppens dynamik och samverkan med okritiska individer i gruppen.
ndividens behov av att tillhöra en grupp existerar tillsammans med gruppens behov av att hålla den homogen. Det senare innebär att gruppen utesluter avvikare. Mot dessa och mot andra grupper förekommer mobbning, mord, etnisk rensning och krig. Upplevelsen av trygghet i en grupp, på exempelvis statlig nivå, medför att deltagande i brott mot mänskligheten känns varken juridiskt eller moraliskt problematiskt, och genomförs utan en tanke på en eventuellt väntande internationell brottmålsdomstol. Och inom vetenskapen känner vi till hur "gruppen" bl.a. har velat bränna Galileo Galilei på bål, gjort Charles Darwin till åtlöje, m.m. De lydiga gruppdjuren använder inte sin IK dessa gånger för att sätta sig in i fakta och ifrågasätta gruppens ledare. Det är bekvämare att okritiskt anamma oförståeliga religiösa uppfattningar eller ologiska teorier.

Gruppens samverkan med ett okritiskt och profithungrigt massmedia.
För dessa gruppdjur finns det också ett starkt nedärvt behov av att flockas runt, och att m.h.a. massmedia okritiskt dyrka, en utsedd upphovsman till de åsikter eller teorier som definierar gruppen. Massmedia spelar en mindre lyckad roll i dessa sammanhang, där de också riskerar att bidra med vilseledande information. Exempelvis skriver de om "Big Bang" som om den verkligen skulle ha inträffat, trots att detta inte är mer än en spekulativ teori. Men den säljer. Att publicera vad bl.a. en av Nobel-pristagarna år 2020, en astronom, tycker om den teorin, säljer inte. I tillägg är det ett generellt problem att åsikter till alla tysta tvivlare, av naturliga orsaker, aldrig publiceras. Detta medför att lögner ostört kan marknadsföras som sanningar. Det har t.o.m. gått så långt att skolbarn luras till att tro att nämnda spekulativa teori är bevisad, vilket naturligtvis är fel. Varför inget ord om "Steady State"?

Om alla gör fel, så blir det "rätt".
En frågeställning av filosofiskt intresse är huruvida individen i en grupp kan ställas till svars för sina åsikter och agerande eller brist på agerande. Historien visar nämligen att ju större gruppen är desto mindre är denna risk, eftersom om alla gör fel så blir det "rätt". Tron på exempelvis Lorentz´ faktor är ett bra exempel. "Hjärntvätt" är ett passande ord för detta fenomen.

Gruppledarna utvecklar med tiden en dold agenda för sin egen trygghet.
Att en grupps företrädare inte önskar förlora sina positioner, och därför bekämpar alla hot, är naturligt, eftersom det oftast är en grupps ledare som har mest att förlora, om en grupp upplöses. Därför kommer denna bok att kritiseras, även om det inte skulle kunna pekas på något faktafel i den. Deras agerande för att hålla sin grupp samlad är mer av en egoistisk handling än något för gruppens väl och ve. Krigsherrar ger sig inte frivilligt och är, som vi vet, t.o.m. beredda att offra gruppens medlemmar för sin egen överlevnad. Och hur är det möjligt att lita på ledare, när det bakom deras fasader och propaganda kan finns en agenda som handlar mer om deras egen karriär och trygghet än om ideologi? När behovet för en grupp inte längre är aktuellt, kan individer luras till att hålla liv i den.

Gruppledarna motverkar en utveckling som hotar deras trygghet.
Lika lite som man kan anta att prästerskapet på slutet av 1800-talet satte sig in i Darwins publicerade teorier om utvecklingsläran, lika lite är det troligt att dagens partikelfysiker kommer att läsa denna bok. Det var inte prästerskapet som insåg rimligheten i utvecklingsläran. Och det kommer heller inte, som förklarat ovanför, att vara dagens auktoriteter inom partikelfysiken som leder utvecklingen framåt. För övrigt kan man lätt inse att en strängt reglerad och styrd forskarmiljö inte leder till de, ibland nödvändiga, s.k. paradigmskiften som behövs för att komma vidare.

De bakåtsträvande gruppledarna måste, förr eller senare, ge upp.
Historien visar tydligt, att mot tiden och mot återvändsgränder har alla bakåtsträvare hittills fått lägga ned sina vapen. För motståndarna till evolutionsläran tog det bara ca 50 år innan de måste ge upp. Men att få ut dagens partikelfysiker från både skyttegravar och labyrinter som de fastnat i, kan ta längre tid, eftersom de flesta av oss övriga är ointresserade av, och värjer oss för, allt som bygger på dålig logik. Och allt för många, ofta med ett mindre intellektuellt kapital, fortsätter att låta sig förledas av dessa "medicinmän". **Men att hålla fast på teorier byggda på en felaktig tolkning av ett experiment utfört 1887 är ohållbart!**

De pålagda lager av fantasier och damm, som har täckt både sanning och logik, togs ju bort redan i första utgåvan av denna bok, publicerad år 2011. Av den anledningen, och kanske också m.h.a. er som har läst denna bok och förstått den, måste forskarna på området, förr eller senare, ge upp sin arrogans och kapitulera. Massmedia och dess konsumenter kommer att följa efter, förhoppningsvis utan den fördröjning som präglade acceptansen av Darwins utvecklingslära.

Därför är framtiden ljus för partikelfysiken.

www.ingramcontent.com/pod-product-compliance
Lightning Source LLC
Chambersburg PA
CBHW082352220526
45470CB00008B/2716